운전면허, **필기**부터 **도로주행**까지 이 책 **한 권으로 완벽** 정복

GO! 독학 운전면허

현상철 지음

특별 제공

모든 운전면허
기능 설명에
동영상 강의 추가

도로교통공단 제공
필기시험 기출문제
모의고사 2회분 수록

무료연수
이벤트 신청

국내 최초
1종 자동 설명

S 시원스쿨닷컴

GO!독학 운전면허

초판 1쇄 발행 2024년 9월 27일

지은이 현상철
펴낸곳 (주)에스제이더블유인터내셔널
펴낸이 양홍걸 이시원

홈페이지 www.siwonschool.com
주소 서울시 영등포구 영신로 166 시원스쿨
교재 구입 문의 02)2014-8151
고객센터 02)6409-0878

ISBN 979-11-6150-891-7
Number 1-531108-25259900-06

이 책은 저작권법에 따라 보호받는 저작물이므로 무단복제와 무단전재를 금합니다. 이 책 내용의 전부 또는 일부를 이용하려면 반드시 저작권자와 ㈜에스제이더블유인터내셔널의 서면 동의를 받아야 합니다.

저자의 말

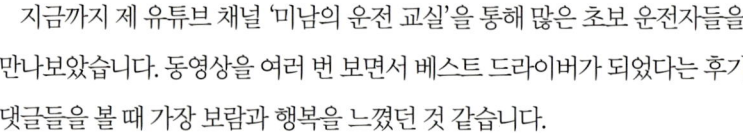

안녕하세요
'운전에 미친 남자'
미남입니다.

　지금까지 제 유튜브 채널 '미남의 운전 교실'을 통해 많은 초보 운전자들을 만나보았습니다. 동영상을 여러 번 보면서 베스트 드라이버가 되었다는 후기 댓글들을 볼 때 가장 보람과 행복을 느꼈던 것 같습니다.

먼저, 이 기회를 통해 감사의 말씀 전하고 싶습니다.

현재 국내 운전면허 제도는 면허를 딴다고 해서, 운전을 바로 잘할 수 있게 되는 것은 아닙니다. 실제 도로에서 운전을 잘하게 되려면, 아무래도 전문가의 연수가 필수이지요.

하지만 면허증 취득은 좀 다릅니다. 어느 정도 형식(공식)만 잘 알고 계시다면, 독학으로도 충분히 취득할 수 있는 과정이니 마음의 부담을 내려놓으셔도 괜찮습니다.

동영상 강의

1. QR코드
QR코드를 스캔하면 동영상 강의를 볼 수 있는 페이지로 연결됩니다.

2. 유튜브 미남의 운전 교실 채널
유튜브에서 '미남의 운전 교실'을 검색하세요.

운전에 관심 있는 분이라면, 누구나 합리적이고 경제적인 방법으로 쉽게 운전면허 시험에 합격할 수 있게 되길 바라는 마음에서 이 책을 출간하게 되었습니다.

운전 학원을 등록하신 분들, 운전면허 시험장에서 스스로 면허를 취득하시려는 분들께 꼭 필요한 내용을 담았으니, 참고하시어 꼭 한 번에 합격할 수 있기를 바랍니다.

특히 2024년 10월에 신설되는 1종 자동에 대한 자세한 설명을 영상으로 준비했으니 많은 도움이 되시길 바라며, 촬영에 협조해 주신 한수자동차 운전 전문 학원에 감사의 말씀을 드립니다.

마지막으로 운전면허를 취득하고자 하시는 모든 분들께 이 책을 바치며, 꼭 목표한 바를 이루시길 기원합니다.

자! 그럼 함께 고고씽 해볼까요?

무료 운전연수

1. QR코드
   표지의 QR코드를 스캔하면 신청서를 작성할 수 있습니다.

2. 유튜브 미남의 운전교실 채널
   미남의 운전 교실 고고씽 코너에서 신청 가능합니다.

학습 플래너

	공부한 날	동영상 강의	본책
Unit 01	월 일		15~17쪽
Unit 02	월 일	▶	18~22쪽
Unit 03	월 일		24~25쪽
Unit 04	월 일	▶	27~29쪽
Unit 05	월 일	▶ ▶ ▶ ▶ ▶	30~35쪽
Unit 06	월 일	▶ ▶	36~38쪽
Unit 07	월 일	▶ ▶	40~43쪽
Unit 08	월 일	▶ ▶	44~59쪽
Unit 09	월 일	▶ ▶	60~61쪽
Unit 10	월 일		62쪽
Unit 11	월 일		65쪽
Unit 12	월 일	▶	66~72쪽
Unit 13	월 일	▶	74~78쪽
Unit 14	월 일	▶	80~81쪽
Unit 15	월 일	▶ ▶	82~85쪽

*기능, 주행 시험 부분만 동영상 강의를 제공합니다. 필요에 따라 동영상 강의가 2개 이상인 경우도 있습니다.
*동영상 강의 중 도로교통공단에서 제공한 강의도 포함되어 있습니다.

	공부한 날	동영상 강의	본책
Unit 16	월 일	▶ ▶	86~89쪽
Unit 17	월 일	▶	90~91쪽
Unit 18	월 일	▶	92~93쪽
Unit 19	월 일	▶	94~99쪽
Unit 20	월 일	▶	100~104쪽
Unit 21	월 일		105쪽
Unit 22	월 일	▶	106~107쪽
Unit 23	월 일	▶	108~111쪽
Unit 24	월 일	▶	112~113쪽
Unit 25	월 일	▶	114~115쪽
Unit 26	월 일		116~117쪽
Unit 27	월 일		118~119쪽
Unit 28	월 일	▶	120~121쪽
Unit 29	월 일	▶	122~123쪽
Unit 30	월 일		124쪽

이 책의 구성 한눈에 보기

1. 동영상 강의
QR 코드를 스캔하면 동영상 강의를 볼 수 있습니다.

2. 학습목표
간단한 부연 설명과 함께 학습 목표를 제시합니다.

3. 미남쌤의 운전 수업
수험생들이 실제 익혀야 할 운전 요령을 정확하면서도 자세히 설명했습니다. 사진 또는 일러스트는 학습자들의 이해에 큰 도움이 됩니다.

미남쌤의 One point lesson

기능 시험 차종 별 사이드미러 조정 방법
엑센트 - 수동 조절 레버로 사이드미러 안쪽에 작은 레버로 조정
베뉴 - 자동 사이드미러 조절로 운전석 문쪽 조절 버튼으로 조정

4. 미남쌤의 One point lesson
운전면허 시험에서 수험생들이 실수하기 쉬운 부분을 강조하는 코너입니다.

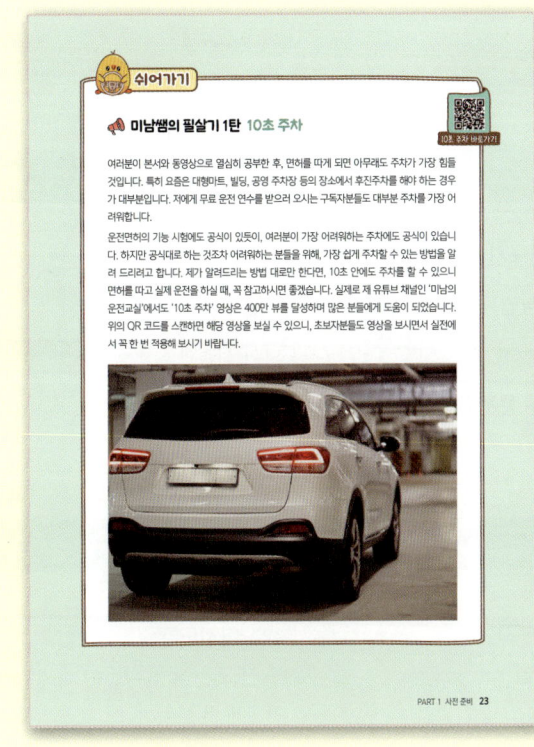

5. 쉬어가기

운전면허 시험에 합격한 후, 초보 운전자들이 가장 힘들어하는 부분만 엄선하여 소개했습니다. QR 코드를 스캔하면 동영상 강의와 함께 볼 수 있도록 구성했습니다.

6. 학과시험 기출 문제

도로교통공단에서 제공하는 기출문제 모의고사 2회분을 담았습니다. 정답과 해설을 동시에 보면서 공부하는 것이 좋습니다.

목차

- 저자의 말 ·· 006
- 학습 플래너 ·· 008
- 이 책의 구성 한눈에 보기 ·· 010

PART 1 | 사전 준비

Unit 1 운전면허 종별 취득과정 알아보기 ·· 015
Unit 2 학과 시험 필승 전략 1 (공부 방법) ·· 018
쉬어가기 1 10초 주차 ·· 023
Unit 3 학과 시험 필승 전략 2 (어려운 문제 파헤치기) ······································ 024

PART 2 | 장내기능 마스터

Unit 4 장내기능 채점 항목 및 감점 점수 ·· 027
Unit 5 출발 및 정지, 기본 기기 조작법 ·· 030
Unit 6 경사로 통과 요령 및 돌발 상황 ·· 036
쉬어가기 2 평행주차 ·· 039
Unit 7 좌·우회전 및 교차로 신호 보는 법 ·· 040
Unit 8 직각 주차 ·· 044
Unit 9 가속 구간 ·· 060
Unit 10 장내 기능 시험 후 해야 할 일 ·· 062

PART 3 | 도로주행 마스터

Unit 11	도로주행 시험의 이해 및 합격 방법	065
Unit 12	도로주행 채점 항목 및 감점 점수	066
쉬어가기 3	차선 변경	073
Unit 13	차량 탑승, 출발 전 준비 사항	074
쉬어가기 4	차선 맞추기	079
Unit 14	출발 전 사이드미러, 룸미러 조정 방법	080
Unit 15	차로 맞추기 및 페달 조절 방법	082
Unit 16	차로 변경 요령 및 감점사항	086
Unit 17	교차로 좌·우회전, 유턴 시 핸들링 방법	090
Unit 18	교차로 좌회전 방법 및 감점사항	092
Unit 19	교차로 우회전 방법 및 감점사항	094
Unit 20	교차로 유턴 방법 및 감점사항	100
Unit 21	어린이 보호구역 통과방법	105
Unit 22	비보호 좌회선 통과방법	106
Unit 23	정체된 도로에서 차로 변경 방법	108
Unit 24	속도 조절 잘 하는 방법	112
Unit 25	신호위반 실격 피하는 방법	114
Unit 26	가장 많이 감점되는 항목	116
Unit 27	가장 많이 실격되는 항목	118
Unit 28	집에서 독학으로 연습하는 방법	120
Unit 29	도로주행 시험 시 준비사항	122
Unit 30	도로주행 시험 후 해야할 일	124
미남쌤의 특별 수업 1종 자동		125

부록

학과시험 (필기) 모의고사 2회분 001

PART 1
사전 준비

#운전면허 필기 시험 #운전면허 종류 #1종 보통 #2종 보통 #학과 시험 합격 TIP

Unit 1 운전면허 종별 취득과정 알아보기

1 운전면허 취득 종별 선택하기

운전면허 종	운전 가능 차량
1종 보통 (자동, 수동)	**승용차** -승차정원 15인승 이하 승합차 -적재 중량 12톤 미만 화물차 -건설 기계 (도로 운행용 3톤 미만 지게차) -총 중량 10톤 미만 특수차 (구난차, 견인차 등 제외) -원동기 장치 자전거 *대부분 1종 자동을 취득함.
2종 보통 (자동, 수동)	**승용차** -승차 정원 10인승 이하의 승합차 -적재 중량 4톤 이하의 화물차 -총 중량 3.5톤 이하의 특수차 (구난차, 견인차 등 제외) -원동기 장치 자전거 *대부분 2종 자동을 취득함.

1종 보통 면허 시험 차량은 봉고3 화물 차량으로 치르고, 2종 보통 면허 시험 차량은 베뉴 승용차로 시험을 치릅니다. 수동과 자동은 변속기를 기준으로 정해집니다.

1종 자동 면허 신설로 인해 1종 수동 취득 희망자들과 2종 자동 면허 취득 희망자들이 1종 자동 면허로 쏠릴 것으로 예상되며, 실제로 1종 자동으로 15인승 이하 승합 차량(스타렉스, 카니발)을 운행할 수 있으므로 거의 대부분의 차량 운전이 가능합니다.

또한, 수동 차량의 감소로 인해 수동 차량 면허 취득에 대한 수요가 감소할 것으로 예상됩니다. 따라서 1종 자동 면허 취득을 적극 추천합니다.

2 운전면허 취득과정 (1, 2종 동일)

교통안전교육은 1시간 무료교육으로 운전면허 시험장에서만 진행합니다. 신체검사도 운전면허 시험장에서 진행할 수 있습니다.

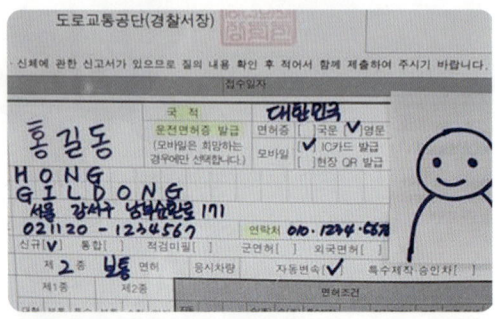

응시 원서 작성 시, 최근 6개월 이내 촬영한 증명 사진이 필요합니다.

응시 원서 작성 후, 시험장에 있는 신체검사장에서 바로 신체 검사를 받을 수 있습니다.

 미남쌤의 One point lesson

운전면허 학원을 등록하신 경우, 안전 교육을 받고 추가로 학과 교육 3시간(유료)을 이수해야만 학과 시험을 볼 수 있습니다. 이는 개인적으로 시험장에서 보고 합격했어도 유료 3시간을 꼭 이수해야만 운전 학원에서 장내 기능 시험을 볼 수 있습니다. 단, 국가 운전면허 시험장에서 기능 시험을 보는 분들은 3시간의 학과 교육이 면제입니다.

3 운전면허 취득 시 비용

1종, 2종 보통 면허	
신체 검사	6,000원
필기 시험	10,000원
기능 시험	25,000원
도로주행 시험	30,000원
연습 면허 발급	4,000원
면허증 발급	10,000원

운전면허 시험장에서 독학으로 시험 보시는 분들은 교육 비용이 따로 들지 않고 각 시험 응시료 및 면허증 발급 비용이 필요합니다.

이 단계에서는 본인이 취득하고자 하는 운전면허의 종류를 선택하시면 됩니다. 1종 자동을 따면 향후 운전할 수 있는 차종 선택의 폭이 넓어지니, 다시 한 번 1종 자동을 추천 드립니다.

Unit 2 학과 시험 필승 전략 1
공부 방법

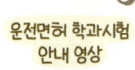

1 시험 종류 별 커트라인 점수

종류	커트라인 점수	재 시험 가능 시기
1종보통	70점	익일 바로 가능
2종보통	60점	익일 바로 가능
2종소형	60점	익일 바로 가능

2 시험 유형

운전면허 학과 시험은 총 40문제입니다. 아래와 같은 6가지의 유형이 있고, 뒤로 갈수록 배점이 큽니다. 시험 3일 전부터 기출문제, 모의고사 중심으로 풀어 보고, 시험 전날에는 오답 위주로 복습하는 것이 효율적입니다.

① 문장형 (4지 1답)

> 다음 중 총중량 1.5톤 피견인 승용 자동차를 4.5톤 화물 자동차로 견인하는 경우 필요한 운전면허에 해당하지 않는 것은?
> ① 제1종 대형면허 및 소형견인차면허
> ② 제1종 보통면허 및 대형견인차면허
> ③ 제1종 보통면허 및 소형견인차면허
> ④ 제2종 보통면허 및 대형견인차면허
>
> **정답** ④
> **해설** 도로교통법 시행규칙 별표 18 총중량 750킬로그램을 초과하는 3톤 이하의 피견인 자동차를 견인하기 위해서는 견인하는 자동차를 운전할 수 있는 면허와 소형견인차면허 또는 대형견인차면허를 가지고 있어야 한다.

② 문장형 (4지 2답)

> 운전면허 종류별 운전할 수 있는 차에 관한 설명으로 맞는 것 2가지는?
> ① 제1종 대형면허로 아스팔트살포기를 운전할 수 있다.
> ② 제1종 보통면허로 덤프트럭을 운전할 수 있다.
> ③ 제2종 보통면허로 250CC 이륜자동차를 운전할 수 있다.
> ④ 제2종 소형면허로 원동기장치자전거를 운전할 수 있다.
>
> **정답** ①, ④
> **해설** 도로교통법 시행규칙 별표18(운전할 수 있는 차의 종류)에 따라 덤프트럭은 제1종 대형면허, 배기량 125CC 초과 이륜자동차는 2종 소형면허가 필요하다.

③ 안전표지형 (4지 1답)

> 다음의 횡단보도 표지가 설치되는 장소로 가장 알맞은 곳은?
>
>
>
> ① 포장도로의 교차로에 신호기가 있을 때
> ② 포장도로의 단일로에 신호기가 있을 때
> ③ 보행자의 횡단이 금지되는 곳
> ④ 신호가 없는 포장도로의 교차로나 단일로
>
> **정답** ④
> **해설** 도로교통법 시행규칙 별표 6.132 횡단보도 표지

④ 사진형 (5지 2답)

소형 회전교차로에서 부득이 회전중인 차량에 주의하며 중앙 교통섬을 이용할 수 있는 차의 종류 2가지는?

① 좌회전하는 승용자동차

② 대형 긴급자동차

③ 대형 트럭

④ 오토바이 등 이륜자동차

⑤ 자전거

정답 ②, ③

해설 소형 회전교차로에서의 중앙 교통섬은 회전반경이 부족한 대형 차량(긴급자동차, 트럭 등)이 중앙 교통섬을 이용하여 통행할 수 있다.
(국토교통부령 회전교차로 설계지침 4.3.5)

④ 일러스트형 (5지 2답)

다음 상황에서 1차로 진로 변경 하려 할 때 가장 안전한 운전 방법 2가지는?

[도로상황]

*좌로 굽은 언덕길

*전방을 향해 이륜차 운전 중

*도로를 진입하려는 농기계

① 좌측 후사경을 통하여 1차로에 주행 중인 차량을 확인한다.

② 전방의 승용차가 1차로 진로 변경을 못하도록 상향등을 미리 켜서 경고한다.

③ 농기계가 도로로 진입할 수 있어 1차로로 신속히 차로 변경한다.

④ 오르막 차로이므로 때문에 속도를 높여 운전한다.

⑤ 전방의 이륜차가 1차로로 진로 변경할 수 있어 안전거리를 유지한다.

정답 ①, ⑤

해설 안전거리를 확보하지 않았을 경우에는 전방 차량의 급제동이나 급차로 변경 시에 적절히 대처하기 어렵다. 특히 언덕길의 경우 고갯마루 너머의 상황이 보이지 않아 더욱 위험하므로 속도를 줄이고 앞 차량과의 안전거리를 충분히 둔다.

⑥ 동영상형 (4지 1답)

다음 영상에서 운전자가 해야할 조치로 맞는 것은?

*불특정 운전자가 지그재그 운전을 하는 장면

① 앞쪽 자동차 운전자에게 상향등을 작동하여 대응한다
② 비상점멸등을 작동하며 갓길에 정차한 후 시시비비를 다툰다
③ 경음기와 방향지시기를 작동하여 앞지르기 한 후 급제동을 한다
④ 고속도로 밖으로 진출하여 안전한 장소에 도착한 후 경찰관서에 신고한다.

정답 ④

해설 불특정 운전자가 지그재그 운전을 하거나, 내가 통행하는 차로에서 고의로 제동을 하면서 진로를 막는 행위를 하는 경우 그 운전자에게 직접 대응하지 않고 도로의 진출로로 회피 우회하거나 휴게소 등에 진입하여 자동차 문을 잠그고 즉시 신고하여 대응하는 것이 바람직하다.

학과 시험은 수능 모의고사처럼 수기로 보는 것이 아닌 컴퓨터 채점 방식으로 시험을 봅니다.

문제 은행의 1000문제 중 40문제를 무작위로 추려서 보고 점수는 1종 70점 이상, 2종 60점 이상 받아야 합격을 합니다.

공부 방법은 본 책 부록으로 제공되는 모의고사를 푸셔도 좋고, 요즘 APP으로 많이 나와 있으니 틈틈이 보시는 것을 추천합니다.

# 쉬어가기

📢 미남쌤의 필살기 1탄 10초 주차

여러분이 본서와 동영상으로 열심히 공부한 후, 면허를 따게 되면 아무래도 주차가 가장 힘들 것입니다. 특히 요즘은 대형마트, 빌딩, 공영 주차장 등의 장소에서 후진주차를 해야 하는 경우가 대부분입니다. 저에게 무료 운전 연수를 받으러 오시는 구독자분들도 대부분 주차를 가장 어려워합니다.

운전면허의 기능 시험에도 공식이 있듯이, 여러분이 가장 어려워하는 주차에도 공식이 있습니다. 하지만 공식대로 하는 것조차 어려워하는 분들을 위해, 가장 쉽게 주차할 수 있는 방법을 알려 드리려고 합니다. 제가 알려드리는 방법 대로만 한다면, 10초 안에도 주차를 할 수 있으니 면허를 따고 실제 운전을 하실 때, 꼭 참고하시면 좋겠습니다. 실제로 제 유튜브 채널인 '미남의 운전교실'에서도 '10초 주차' 영상은 400만 뷰를 달성하며 많은 분들에게 도움이 되었습니다. 위의 QR 코드를 스캔하면 해당 영상을 보실 수 있으니, 초보자분들도 영상을 보시면서 실전에서 꼭 한 번 적용해 보시기 바랍니다.

Unit 3 학과 시험 필승 전략 2
어려운 문제 파헤치기

학과 시험 중 숫자 중심의 문제 또는 자동차 정비 분야 문제가 조금 어려울 수 있습니다.

이런 문제들은 처음에는 패스하고 APP 또는 모의고사 정답 및 해설 부분을 먼저 보시는 것이 좋습니다. 학과 시험은 100점을 목표로 할 필요는 전혀 없습니다. 먼저 상식선에서 풀 수 있는 쉬운 문제들을 공략한 후, 위에서 말한 2가지 유형의 문제들은 정답 및 해설 부분 위주로 보시면 됩니다.

1 시험 유형 예시

① 숫자형

> 다음 중 도로교통법상 원동기장치 자전거의 정의(기준)에 대한 설명으로 옳은 것은?
> ① 배기량 50시시 이하 – 최고 정격출력 0.59킬로와트 이하
> ② 배기량 50시시 미만 – 최고 정격출력 0.59킬로와트 미만
> ③ 배기량 125시시 이하 – 최고 정격출력 11킬로와트 이하
> ④ 배기량 125시시 미만 – 최고 정격출력 11킬로와트 미만
>
> **정답** ③
> **해설** 도로교통법 제2조 제19호에 따라 '원동기장치 자전거'란 다음 각 항목의 어느 하나에 해당하는 차를 말한다
> 가) [자동차관리법 제3조]에 따른 이륜자동차 가운데 배기량 125CC 이하(전기를 동력으로 하는 경우에는 최고 정격출력 11KW 이하)의 이륜자동차
> 나) 그 밖에 배기량 125CC 이하(전기를 동력으로 하는 경우에는 최고 정격출력 11KW 이하)의 원동기를 단 차([자전거 이용 활성화에 관한 법률] 제2조 제1호의 2에 따른 전기 자전거는 제외한다)

용어 정리
정격출력 : 어떤 장비의 출력을 나타낼 때, 안전하게 계속 내보낼 수 있는 출력의 상한선

② 정비형

> 다음 중 고속으로 주행하는 차량의 타이어 이상으로 발생하는 현상 2가지는?
> ① 베이퍼록 현상
> ② 스탠딩웨이브 현상
> ③ 페이드 현상
> ④ 하이드로플레이닝 현상
>
> **정답** ②, ④
> **해설** 고속으로 주행하는 차량의 타이어 공기압이 부족하면 스탠딩웨이브 현상이 발생하며, 고속으로 주행하는 차량의 타이어가 마모된 상태에서 물 고인 곳을 지나가면 하이드로플레이닝 현상이 발생한다. 베이퍼록 현상과 페이드 현상은 제동장치의 이상으로 나타나는 현상이다.

용어 정리

베이퍼록 현상 : 브레이크를 밟아도 스펀지를 밟듯이 푹푹 꺼지며, 브레이크가 작동되지 않는 현상
스탠딩웨이브 현상 : 고속 주행 시 타이어 접지부에 열이 축적되어 타이어 모양이 변형되는 현상
페이드 현상 : 내리막길 등에서 마찰 브레이크를 연속으로 사용했을 때 브레이크 효과가 떨어지는 현상
하이드로플레이닝 현상 : 수막현상이라고도 불리는 이 현상은 물에 젖은 노면을 고속으로 달릴 때 타이어가 노면과 접촉하지 않아 조종이 불가능한 상태.

PART 2
장내기능 마스터

#직각주차 #가속구간 #돌발 상황 #교차로 #경사로

Unit 4. 장내기능 채점 항목 및 감점 점수

장내기능 시험 안내

1 장내기능 시험이란?

1·2종 장내기능 시험은 시험장 내에서 이루어집니다. 합격점수는 1종, 2종 모두 80점 이상입니다.

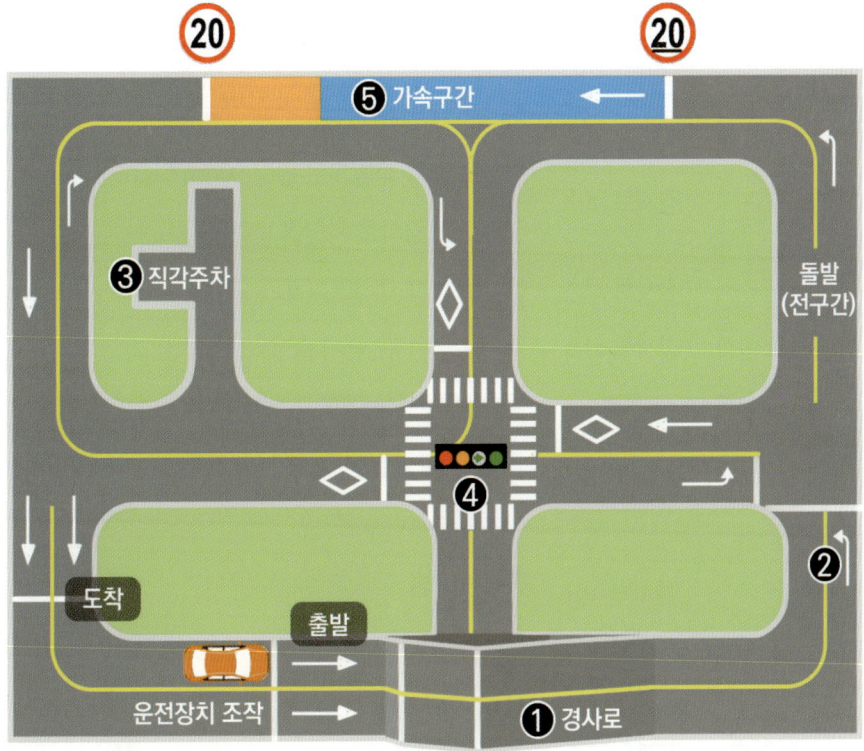

*상기 코스는 통상적인 시험 코스로 실제 시험 코스와는 다소 차이가 있을 수 있습니다.

시험 순서

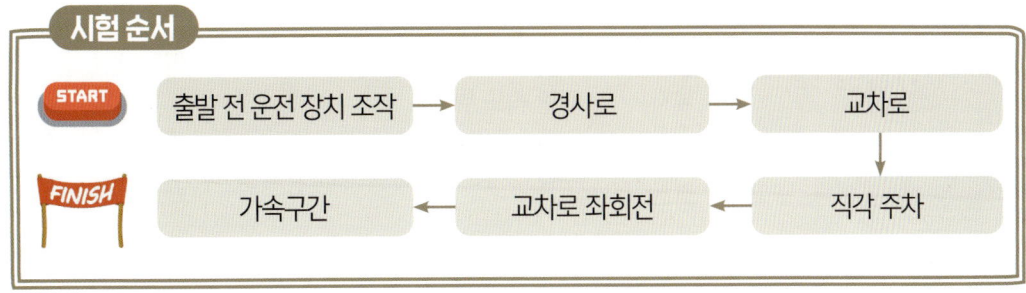

*돌발은 시험 치르는 동안 한 번 나옵니다.

2 장내기능 시험 채점 기준 (감점 기준)

순서	점검 항목		감점 내용	채점 기준
1	출발 실격	출발 코스	출발지시 후 출발지연(20초 초과)	-5
			출발지시 후 출발지연(30초 초과)	실격
2	경사로 실격	출발 코스	안전띠 미착용 출발	-5
		시동 유지	경사로 전 일시 정지 (기어 중립) 후, 엔진회전 (RPM) 4000 이상	-5
			5단 출발로 시동 정지	-5
		경사로 코스	경사로 정지, 후방으로 밀림 50cm 이상	-10
			앞 범퍼가 경사로 사면을 벗어남	실격
		경사로 코스	경사로 정지, 미 출발 (30초 이상)	실격
3	경사로 실격	경사로 코스	경사로 정지 후, 즉시 출발 (3초 이내)	실격
4	경사로 실격	돌발	돌발등이 켜졌음에도 미수행	-10
5	구간 이탈 실격	굴절 코스	좌, 우측 바퀴 탈선 각 1회	-10
			지정시간 초과 (2분)	-5
		교차로 1번 코스	정지선 침범	-5
			신호위반	-5
		곡선 코스	좌, 우측 바퀴 탈선 각 1회	-10
			지정시간 초과 (2분)	-5
		교차로 2번 코스	정지선 침범	-5
			신호위반	-5
		지정 속도 유지	교차로 2번 코스 통과 후, 매시 20km/h를 초과한 속도 위반	-1
		방향 전환 코스	수행 과제 이행 없이 통과 (교차로 3번 우회전 시)	실격

6	교차로 실격		돌발	돌발 수행 후, 비상점멸등이 작동한 상태로 출발	-10
		방향 전환 코스	좌, 우측 바퀴 탈선 각 1회		-10
			확인선 미 접촉		-5
			지정시간 초과 (2분)		-5
			정지선 침범		-5
		교차로 3번 코스	신호위반		-5
			좌측 방향지시등 미 작동 진입		-5
			교차로 내에서 정차 (20초 초과)		-5
			교차로 내에서 정차 (30초 초과)		실격
7	기타 과제 수행 감점 (-45점) *55점 득점	기어 변속 코스	수동 : 기어 변속 없이 통과 자동 : 매시 20km/h 미만으로 통과		-10
		평행 주차 코스	전진주차		-10
			우측 바퀴 탈선 1회		-5
			확인선 미접촉		-10
			지정시간 초과 (2분)		-5
		교차로 4번 코스	우측 방향지시등 미작동 진입		-5
8	만점 수행	전 구간	가능한 감점 없이 통과		100

3 기타 감점 기준

상황요건	감점 요인	감점점수
돌발사고 구간에서 급정지 및 출발	돌발 등이 켜짐과 동시 2초 이내 정지하지 못하거나 정지 후 3초 이내에 비상점멸등을 작동하지 아니한 때 출발 시 비상점멸등을 끄지 아니한 때	10점
전 코스 지정 시간 초과 (지정 속도 유지) 경우	전체 지정 시간 초과 5초마다 지정 속도 매시 20km 미터 초과 시 (기어 변속 코스를 제외)	1점
시동 상태 유지	시동을 꺼뜨릴 때마다, 4,000 RPM 이상 엔진 회전 시마다	실격
좌석 안전띠 착용	출발 시부터 종료 시까지 (평행 주차 코스, 방향 전환 코스 후진도 포함) 좌석 안전띠를 착용하지 아니한 때	실격

Unit 5 출발 및 정지, 기본 기기 조작법

기본 기기 조작법

자동차를 움직이려면 기본적으로 자동차의 기기 명칭과 작동 방법을 익혀야 합니다. 가장 기본적으로 출발하는 방법을 알려드리겠습니다.

1 시동

시동이란 차량의 엔진을 움직이게 하는 행위입니다. 자동차에는 엔진이란 부분이 있는데, 이는 사람으로 따지면 심장과 같은 역할을 하는 부분입니다.

심장이 멎으면 사람이 죽듯이 엔진이 멈추면 자동차도 멈추지요. 그 심장 같은 역할을 하는 엔진을 돌려주는 행동이 바로 시동입니다.

▶▶ 요즘 차량 형태의 신형 버튼 타입

▶▶ 시험용 차량들에 적용된 키로 돌리는 타입

시동을 거는 형식은 크게 두 가지로 나뉘는데, 요즘 차량들은 대부분 브레이크를 밟고 버튼 시동키를 누르면 걸리는 형태입니다. 하지만 시험용 차량들은 키로 돌리는 방식입니다. 키로 돌리는 방법은 자동의 경우 브레이크를 밟고 키를 오른쪽으로 끝까지 1초 정도 돌리고 놓으면 걸립니다.

수동의 경우, 클러치와 브레이크를 동시에 밟고 걸어야 합니다.

2 출발 전 기본 조작 방법

출발 전 준비 단계는 먼저 시트포지션을 본인의 체형에 맞게 맞춰야 합니다. 그 후 브레이크 페달을 밟고 엔진의 시동을 켜줍니다.

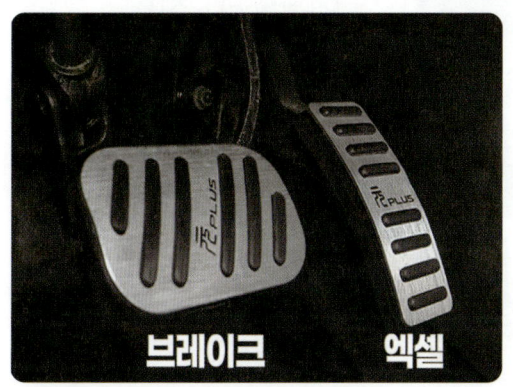

≫ 1종 보통, 2종 보통 자동 페달

자동 변속기 차량은 페달이 브레이크와 엑셀 두 개가 있습니다. 브레이크는 속도를 줄일 때 사용하는 페달이고, 엑셀은 빠르게 달릴 때 사용하는 페달입니다.

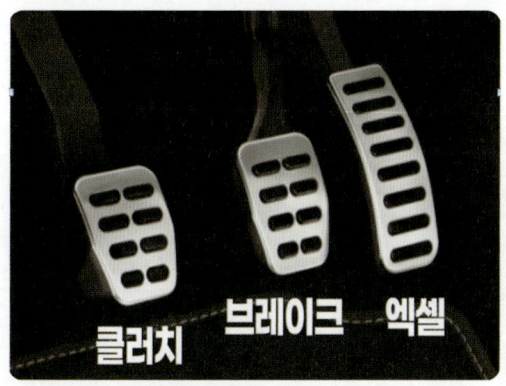

≫ 1종 보통, 2종 보통 수동페달

수동 차량의 페달은 총 3개로 자동 페달에 클러치라는 페달 하나가 더 있습니다.
왼발로 클러치를, 오른발로는 브레이크와 엑셀을 조작합니다.
마지막으로 아래와 같이 사이드브레이크를 풀어주어야 합니다. 사이드브레이크는 주차 시 차량의 이동을 막아주는 잠금장치로서, 앞으로 튀어나온 버튼을 누르면서 아래로 내려주면 풀립니다.

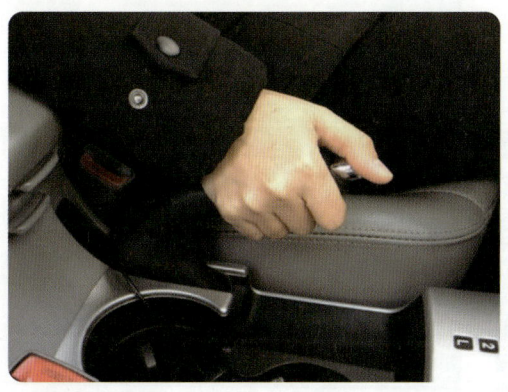

≫ 사이드브레이크

≫ 사이드브레이크가 걸린 경우, 계기판에 불이 들어옴.

자, 그럼 출발 준비가 끝났습니다. 이제 기어를 변속해 줄 차례입니다.

변속 기어는 차량 중앙부에 위치해 있습니다. 시험용 차량마다 변속기 모양이 약간씩 다를 수 있습니다. 현대 엑센트의 경우는 레버에 버튼이 없고 각도를 꺾어 변속하고, 베뉴는 버튼을 누르고 직선으로 조작해 변속해 줍니다.

변속기 속 영어

P(Parking) - 주차
R(Reverse) - 후진
N(Neutrality) - 중립
D(Drive) - 전진

3 차량 별 변속기의 종류

자동 기어 변속기   수동 기어 변속기

▶▶ 현대 엑센트 기어 변속기 (각도를 꺾어 변경)

▶▶ 현대 베뉴 기어 변속기

▶▶ 기아 봉고3 수동 변속기

▶▶ 현대 포터 자동 변속기

4 기능 시험장에서 출발 전 기기 조작 항목

출발 전 4가지 항목 (기어 변속, 전조등, 방향 지시등, 와이퍼) 중 2가지를 평가합니다.
이때부터 시험이 시작되고, 제한 시간도 측정합니다.
차량 내 스피커로 안내 멘트가 나오므로, 잘 듣고 따라 하시면 됩니다.

기기 조작 설명

📢 엔진 시동을 켜세요

이 멘트가 나오면 브레이크를 밟고 엔진 시동을 켭니다. 시동이 걸린 상태에서 기기 조작 2가지 항목이 랜덤으로 스피커를 통해 나옵니다. 모든 항목은 멘트가 끝나고 1초 후에 동작을 해야 사전 예비 동작으로 감점을 받지 않습니다.

📢 10초 안에 변속기 레버를 드라이브에 넣었다가 다시 파킹으로 변속하세요.

기어 변속은 N(Neutrality_중립) 또는 D(Drive_전진)로 10초 안에 넣고 삐~ 소리가 나면 다시 P(Parking_주차)로 변경을 해주면 됩니다. 이때 주의할 점은 삐~소리가 나기 전에 P로 변경하면 감점이 됩니다.

기기 조작 실제 시험

📢 **5초 안에 전조등을 켜세요.**

레버를 위쪽 방향으로 두 칸을 돌립니다. 미등은 어두워 지기 시작할 때 사용하는 등으로 전조등과 구분해야 합니다.

📢 **상향등으로 전환하세요**

상향등은 레버 전체를 계기판 쪽으로 밀어주면 됩니다.

📢 **하향등으로 전환 후 전조등을 끄세요**

먼저 레버 전체를 핸들 쪽으로 당겨 하향등으로 전환하고, 삐~ 소리가 나면 레버의 맨 끝부분을 돌려 OFF로 전환합니다.

 미남쌤의 One point lesson

기어 변속 시에는 반드시 브레이크를 밟아야 변속이 가능합니다. 수동 차량의 경우는 클러치도 같이 밟아주어야 합니다.

📢 5초안에 좌측(우측) 방향지시등을 켜세요

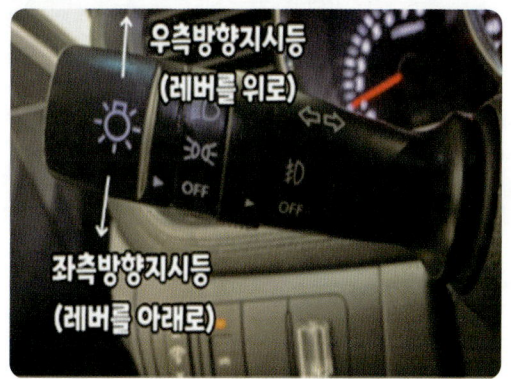

전조등 레버로 방향지시등도 작동합니다. 방향지시등은 좌측 또는 우측 둘 중 하나가 멘트로 나옵니다. 우측 방향 지시등은 레버를 위로 올리면 되고, 좌측은 레버를 아래로 내립니다.

📢 5초 안에 방향지시등을 끄세요.

이 멘트가 나오면 방향지시등을 원위치로 꺼줍니다.

📢 5초안에 와이퍼를 작동하세요

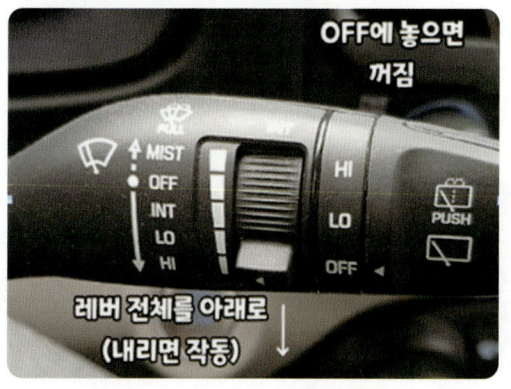

멘트가 나오면 1초 후, 핸들 우측에 있는 레버 전체를 아래로 내려줍니다.

📢 5초 안에 와이퍼를 끄세요

멘트가 끝나면 1초 후에 레버를 위로 올려주면 OFF 상태가 됩니다.

> **참고**
> 시동을 제외한 위의 4가지 항목 중 2개가 랜덤으로 나오며 각 항목당 점수는 5점입니다.

Unit 6 경사로 통과 요령 및 돌발 상황

1종 경사로   2종 경사로

출발 전 기기 조작이 끝나고 이제 차량을 움직여 앞으로 나아갑니다.
출발 전 좌측 방향지시등을 켜고 출발해야 합니다.

1 출발

출발 후 차량에서 삐~ 소리가 나면 다시 방향지시등을 끕니다. 방향지시등을 차량이 움직인 후 켜거나, 삐~ 소리 후에도 끄지 않으면 감점됩니다.

2 경사로

출발 후 처음 맞이하는 항목이 경사로입니다. 경사로 정지 방법은 언덕 위 정지선과 아래 정지선 사이에 차량이 들어가면 정지합니다. 이때 1종과 2종의 맞추는 법이 좀 다릅니다.

3 1종보통 방법

보조 미러 확인 (50cm미만)

1종의 경우 차량 앞 우측에 원형 보조 미러가 있습니다. 보조 미러를 보고 경사로 위 정지선 바로 앞에 내 차량의 범퍼가 다가가면 정지를 합니다. (50cm 미만) 정지 후 3초 정도 지나면 다시 출발합니다.

이때 자동과 수동의 출발 방법이 좀 다릅니다. 자동은 브레이크를 밟아 정지 후 3초가 지나면 바로 엑셀로 바꿔 살짝 밟으면서 출발합니다.

수동은 정지할 때 클러치와 브레이크를 동시에 밟은 후, 기어 1단으로 차량이 덜덜 떨릴 때까지 반클러치 상태를 만들어 줍니다. 그 이후 엑셀을 살짝 밟아주면서 클러치를 살살 떼어주면서 진행합니다.

수동의 경우, 자칫 시동이 꺼질 수 있습니다. 시동이 꺼졌을 경우 빨리 클러치와 브레이크를 밟아 멈춘 후 시동을 다시 켜고 재시도하면 됩니다.

4 2종보통 방법

2종의 경우도 아래 정지선과 위 정지선 사이에 차량이 들어가면 됩니다. 하지만 1종과 달리 차량 앞 보닛 부분이 길어 정지선 몇 m 전인지 파악이 힘들 수 있습니다.

이때 옆 사진과 같이 사이드미러를 보면서 흰색 실선(아래 정지선)을 통과하면 정지합니다. 이 방법을 사용할 때는 우선 출발 전 사이드미러를 바퀴쪽이 약간 보이도록 조절을 해야 합니다.

돌발상황

》비상점멸등

돌발 상황은 장내 기능 시험 중 한 번 나옵니다. 경사로, 직각 주차, 교차로, 가속구간을 제외한 곳에서만 나오고 차량에서 "돌발~돌발~돌발~" 이라는 멘트가 나오면 2초 안에 정지를 한 후, 3초 안에 비상점멸등을 눌러주셔야 합니다.

미남쌤의 One point lesson

기능 시험 차종 별 사이드미러 조정 방법
엑센트 - 수동 조절 레버로 사이드미러 안쪽에 있는 작은 레버로 조정
베뉴 - 자동 사이드미러 조절로 운전석 문쪽 조절 버튼으로 조정

미남쌤의 필살기 2탄 평행 주차

평행 주차는 보통 도로 면이나 주택가에서 많이 하게 됩니다. 도로에 차가 많거나 주택가 길이 매우 좁은 경우 외부 환경 때문에 주차가 더욱 어렵게 느껴질 때가 많습니다. 운전을 아주 잘하는 사람들도 애를 먹게 마련이니까요. 실제로 운전을 하다 보면 후진 주차를 할 상황이 훨씬 많지만 그렇다고 모른 채 그냥 지나쳤다가는 주차 공간을 두고도 그냥 지나쳐야 하는 안타까운 상황이 만들어질 수도 있으니, 미리미리 익혀두시는 것이 좋습니다.

특히 도로에서 평행 주차 시, 뒤에 차량이 오고 있다면 더더욱 조바심이 나기 마련입니다. 이 밖에 여러 돌발 상황들이 일어날 가능성이 있는데요, 이럴 때 평정심을 갖고 차분히 주차를 시도하는 것이 좋습니다. 아무리 급하다고 해도 대부분의 운전자들은 여러분이 주차하려는 것을 인지하고 어느 정도 기다려주거나 알아서 피해 가기 때문입니다.

이렇게 심리적으로 어려운 평행 주차라도 제가 말씀드리는 '우-중-좌' 공식만 제대로 익힌다면 문제없이 해결할 수 있을 것입니다. 위의 QR 코드를 스캔하여 여러 번 보신 후, 운전면허를 따게 되면 꼭 한번 실전에 적용해 보시면 좋겠습니다. 여러분이 베스트 드라이버가 되는 날까지 미남이 응원하겠습니다. 파이팅!

Unit 7. 좌·우회전 및 교차로 신호 보는 법

1종 회전
2종 회전

1 좌회전과 우회전

아래는 장내기능 시험 코스도입니다. 붉은색 동그라미 부분이 전부 회전하는 구간입니다. (총 9곳)

회전 중 황색 실선을 밟으면 무려 15점이 감점됩니다. 실제로 시험 볼 때 탈락자가 가장 많이 나오는 부분이므로 주의가 필요합니다.

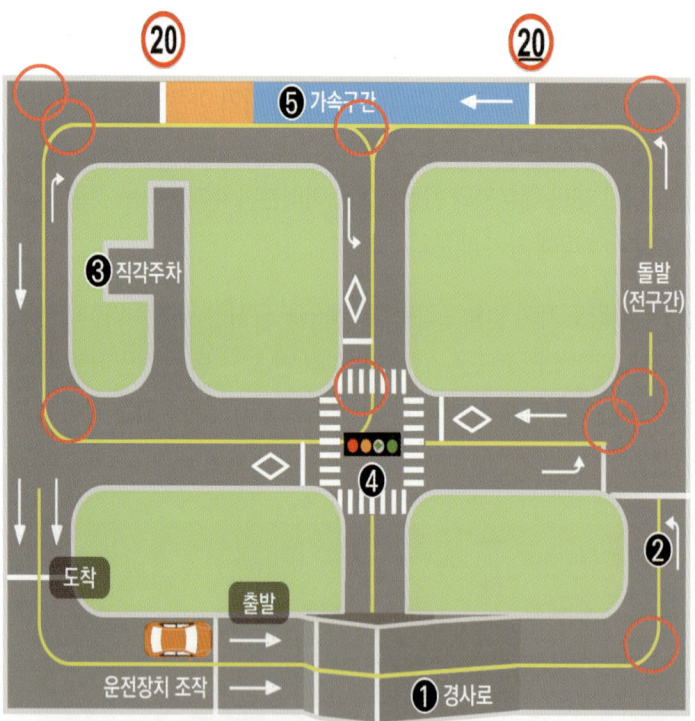

1) 1종 좌회전

1종 보통의 경우 차량의 뒷부분이 길고 운전석이 앞에 위치해 있습니다. 운전석에서 볼 때는 왼쪽 라인으로 붙여 돌아야 할 것 같지만, 실제로는 회전 중간에 운전자의 몸이 회전하는 코너 도로의 중앙에 위치해야 뒷바퀴가 라인을 밟지 않습니다.

회전 중에는 운전자의 시야가 가장 중요합니다. 가려는 도로의 중앙으로 운전자의 몸이 가는지 확인하면서 핸들 조절을 해주어야 합니다. 핸들은 약 반 바퀴에서 한 바퀴 정도 돌아갑니다.

2) 2종 좌회전

2종 자동차는 차량 앞뒤를 기준으로 운전자가 중간에 위치합니다. 코너를 시작하는 시선은 앞 창문과 좌측 창문 사이로 운전자의 몸이 도로의 중앙으로 간다는 느낌으로 핸들 조작을 해줍니다. 코너를 도는 중간에만 중앙으로 위치해 주시고, 그 후 길이 보이면 핸들을 서서히 풀어주면서 맞춰 나가면 됩니다.

3) 1종 우회전

우회전은 좌회전과 달리 운전자의 몸이 중앙으로 가면 뒷바퀴 쪽이 탈선의 우려가 있습니다. 1종 트럭의 경우, 차량 앞뒤를 기준으로 운전자가 차량의 맨 앞쪽에 위치하고 적재함 때문에 뒤쪽이 길기 때문입니다.

따라서 운전자의 몸을 왼쪽 중앙선 쪽으로 붙여서 회전을 하는 느낌으로 조절해 주면 됩니다. 이때 운전자의 엉덩이 바로 아래 타이어가 있으므로 몸이 중앙선을 넘어가지만 않으면 탈선은 하지 않습니다.

4) 2종 우회전

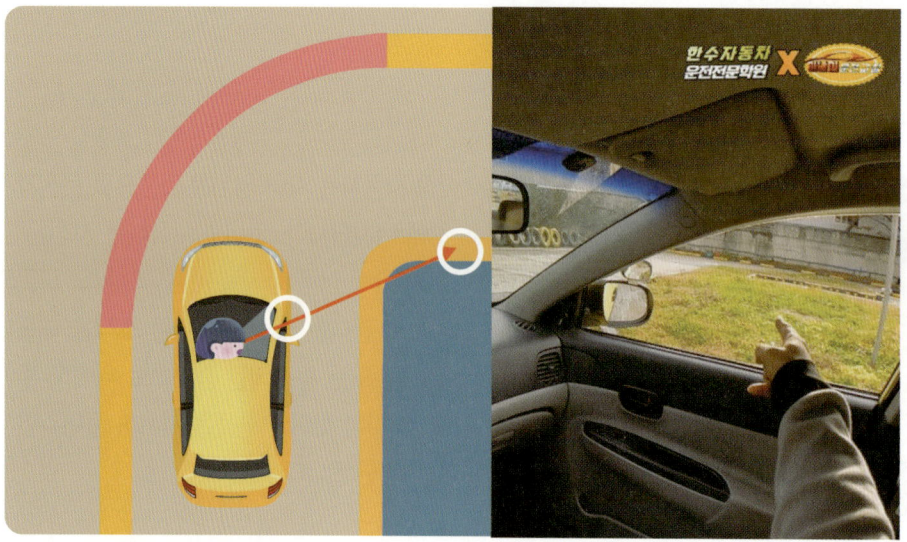

2종 우회전은 1종보다 좀 어려울 수 있습니다. 사각지대가 많아서 핸들을 언제부터 돌려야 하는지 감을 잡기 힘듭니다. 따라서 기준을 잡고 가이드에 따라 운전하시면 편합니다.

운전석 시야에서 볼 때, 우측 사이드미러와 꺾인 곳의 경계선이 겹쳐 보이면 그때부터 핸들을 돌리기 시작합니다.

회전 중간부터는 가는 길을 보면서 운전자의 몸을 코너 도로의 중간으로 위치하게끔 핸들을 조절해 주시면 됩니다.

2 교차로 신호등 보는 법

1) 교차로 직진

교차로 직진 시 신호등이 초록불(파란불)이면 전진합니다.

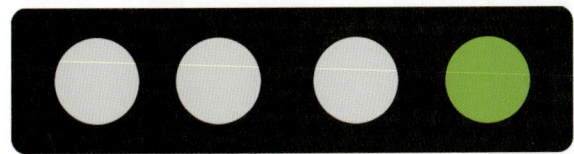

빨간불이나 노란불이면 정지를 해야 하는데, 기능장 내 교차로 신호등이 일반 도로의 신호등보다 신호 간격 주기가 짧습니다. 5초 이내에 통과를 해야 하는데, 정지선에 센서가 있어서 빨간불로 바뀌기 전까지만 정지선을 넘어가면 신호 위반에 걸리지 않습니다. 신호 위반은 실격 처리되므로 주의해야 합니다.

정지할 때는 운전자 시야에서 봤을 때 정지선이 차량에 가려 안 보이는 시점에서 바로 정지를 해야 합니다. 그럼 대략 1~2m 정도 전에 정지를 하게 됩니다. 이때 교차로 정지선 전에 신호등이 파란불이라고 해서 빨리 통과하려고 하는 것보다 일단 정지를 해서 다음 신호를 기다리는 것이 훨씬 안전합니다.

2) 교차로 좌회전

정면 신호등에 좌회전 신호가 나오면 앞에서 설명한 방법에 따라 주행하면 됩니다.

Unit 8 직각 주차

1종 직각 주차
2종 직각 주차

장내 기능 시험 중 가장 많이 탈락하는 구간이고, 가장 복잡한 공식을 외워야 하는 구간입니다. 하지만 정확한 공식만 알고 있다면 그리 어렵지 않습니다. 직각 주차의 제한 시간은 입구를 들어가서 나올 때까지 2분 안에 통과를 해야 합니다. 이때 2분 초과 시 10점 감점됩니다. 탈선을 하는 경우도 10점 감점됩니다. 만약 탈선을 2번 하면 20점이 감점되는 것입니다. 직각 주차는 공식대로 하지 않으면, 운전을 잘하는 분들도 탈선할 우려가 있으니 주의해야 합니다.

1 1종 직각 주차 공식

주차 진입 전 황색선에 어깨를 맞추어 정지합니다.

1종 수동의 경우 정지할 때 정확히 선을 맞추기 힘들 수 있으므로 미리 클러치를 꽉 밟아 속도를 줄이고 정지선에서 브레이크를 밟아야 합니다.

정지 후 핸들을 주차 방향(오른쪽)으로 끝까지 돌립니다.

주의 절대로 가면서 핸들을 돌리면 안 됩니다. 주차 라인 폭이 좁아 탈선의 우려가 있습니다.

핸들을 끝까지 돌린 상태에서 진입하다가 눈으로 봤을 때 내 차량의 왼쪽 아래 창문 모서리와 경계석이 겹쳐 보일 때 정지합니다.

주의 이때도 가면서 핸들을 풀려고 하지 말고, 일단 겹쳐 보일 때 핸들을 꼭 잡고 있는 상태에서 정지를 합니다.

정지한 다음, 핸들을 원위치 한 후 왼쪽 아래 창문 모서리와 경계석을 계속 맞추어 진행합니다. 창문 모서리가 화단이나 아래 지면으로 내려오지 않게 잘 맞추면서 핸들을 조금씩 돌려 조정하면서 갑니다.

경계석과 앞 창문 모서리를 맞추어 진행하다가 주차 라인이 끝나는 황색선과 운전자의 어깨가 맞으면 정지합니다.

핸들을 정지 상태에서 오른쪽으로 반바퀴만 돌려줍니다.

반바퀴를 돌린 상태를 그대로 유지하면서 앞으로 진행합니다. 이때 운전자의 시선은 오른쪽 볼록 보조미러를 보면서 갑니다. 볼록거울에 비친 내 차량의 앞 범퍼를 봅니다.

볼록거울에 비친 내 차량의 앞 범퍼가 황색선과 경계석 사이에 들어오면 정지합니다 (황색선을 가리면 바로 정지!)

1종 트럭의 경우 운전자의 엉덩이 부분이 차량의 앞바퀴와 같은 라인에 위치합니다. 보조미러를 보기 어려운 분들이라면 창밖으로 고개를 내밀어 내 엉덩이가 황색선 전까지 가면 정지합니다.

이제 핸들을 주차 공간 쪽으로 들어가도록 왼쪽 끝까지 꺾고 기어 변속기를 후진(R)으로 변경합니다.

PART 2 장내기능 마스터 **47**

[기어를 후진으로 변경하는 방법]

기어 레버 중간에 동그란 링을 손가락으로 잡아 올립니다.

이때 사진의 손 모양대로 손등이 기어 레버의 오른쪽으로 향하게 위치합니다.

링을 올린 상태에서 기어 레버를 왼쪽으로 끝까지 밀어줍니다.

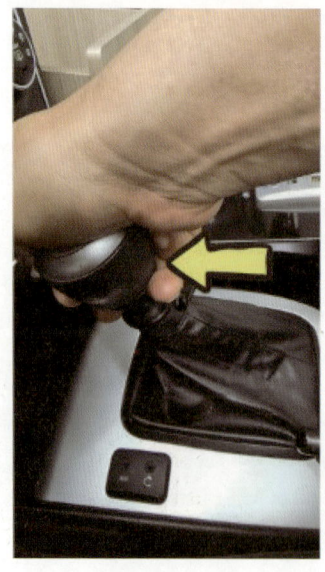

왼쪽으로 밀어주는 힘을 그대로 유지하며 레버를 앞쪽으로 기어 1단을 넣을 때처럼 밀어줍니다.

후진으로 들어갈 때 운전자의 시선은 왼쪽 사이드 미러를 봅니다. 사이드 미러 상으로 내 차량의 적재함 끝과 주차장 경계석 모서리가 겹쳐 보일 때 정지합니다.

▶ **수정 방법**

수정은 차량의 탈선을 막기 위한 최고의 방법입니다. 수정 없이 한 번에 들어가려고 하면 자칫 조금의 위치 변화로 인해 탈선할 수 있습니다. 공식대로 진행했더라도 수정을 할 필요가 있습니다.

황색선 모서리에 맞춘 후 핸들은 오른쪽으로 끝까지 꺾고 기어는 후진(R)에서 전진(1단)으로 변속을 해준 후 앞으로 전진합니다. 전진하면서 사이드 미러 상에 보이는 내 차량의 적재함이 주차 공간 뒷부분의 모서리에서 반대편 모서리의 중간까지만 전진해 줍니다.

그런 뒤 핸들을 반대로 끝까지 꺾고 기어는 다시 1단에서 후진(R)으로 변속을 한 후, 내 차량의 적재함과 옆 황색선과 평행(11자)이 되면 정지합니다.

위와 같이 평행이 되면, 핸들을 원위치로 해준 후 사이드 미러 상에 보이는 뒷바퀴를 보며 천천히 후진합니다.

이때 뒷바퀴가 하얀 확인선과 맨 끝의 황색선 사이에 들어가면 **확인되었습니다!** 의 멘트가 나올 것입니다. 그럼 이때 정지하시면 됩니다.

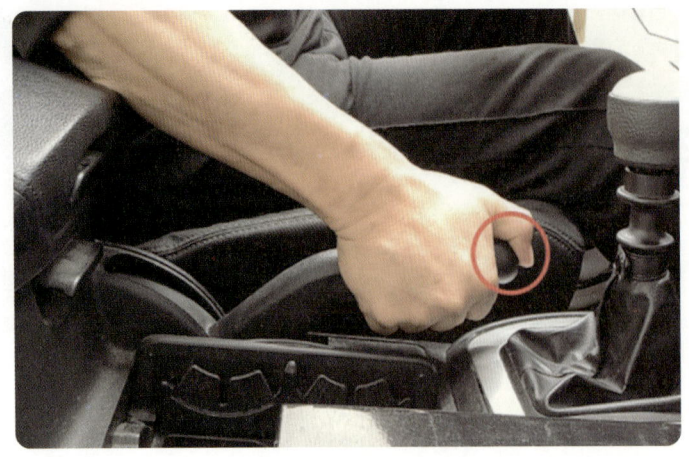

정지 후, 주차 확인을 꼭 해주어야 실격이 되지 않습니다.

▶ **주차 확인 방법**

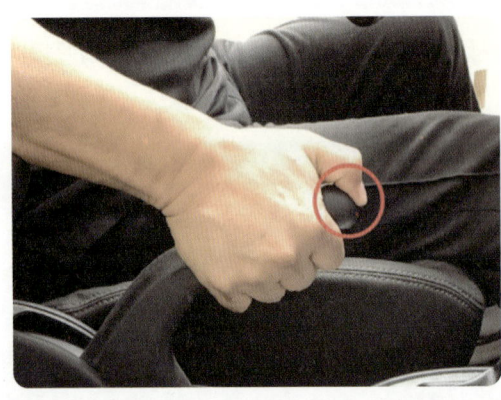 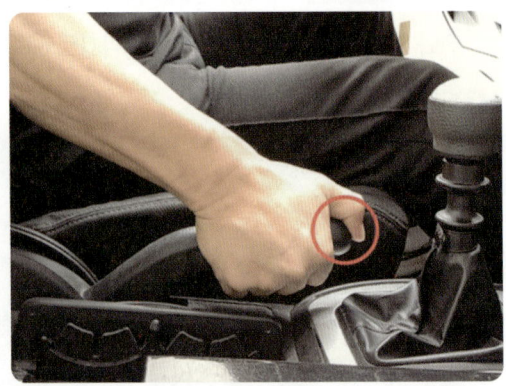

주차 브레이크의 레버 끝 튀어나온 버튼을 엄지손가락으로 눌러준 후 살짝 올려줍니다. 이때 삐~소리가 차량에서 나옵니다. 여기서 주의할 점은 절대 버튼을 놓아서는 안 됩니다.

삐~ 소리가 나면 다시 버튼을 누른 상태로 레버를 아래로 끝까지 내려 줍니다. (주차 확인 끝)

주차가 끝난 후, 주차장을 나가야 합니다. 먼저 기어를 1단으로 바꿔준 후 처음 주차장을 들어갈 때와 동일하게 운전자의 어깨를 오른쪽 황색선과 일치시킨 후 정지합니다.

정지 후 핸들을 나가는 방향인 오른쪽으로 끝까지 꺾은 후 서서히 진행하면서 안전하게 주차장을 나오면 끝입니다.

2 2종 직각 주차 공식

주차장 진입 시 주차 라인의 첫 번째 황색선과 오른쪽 창틀 중간 지점이 운전자의 시선으로 봤을 때 겹쳐 보이면 정지합니다. 정지 후에 핸들을 오른쪽으로 끝까지 꺾고 진입합니다. 이때 가면서 핸들을 돌리면 절대 안 됩니다. 주차장 폭이 좁아 탈선의 우려가 크기 때문입니다.

주차장을 지나는 곳에서 고개를 왼쪽으로 돌려 주차장이 끝나는 황색선과 경계석 사이에 운전자의 어깨를 맞추어 정지합니다.

정지한 다음 핸들을 오른쪽으로 반바퀴만 돌린 후 앞으로 진행합니다.

고개를 왼쪽 사이드 미러 끝부분을 보면서 바닥 경계석과 일직선이 될 때 정지합니다.

▶ **서울 서부시험장 직각주차장**

서울 서부 시험장처럼 경계석으로 되어 있지 않고 방지턱으로만 되어 있는 곳은 사이드 미러 밑 부분으로 스토퍼가 보이면 바로 정지합니다.

이제 후진하면서 주차 공간으로 들어갑니다. 핸들은 들어가야 하는 왼쪽으로 끝까지 꺾고, 기어는 전진(D)에서 후진(R)으로 변경합니다.

왼쪽 사이드 미러를 보면서 후진합니다. 사이드 미러 상에 뒤쪽 경계석 모서리와 내 차량의 후미가 겹쳐 보이면 수정을 위해 정지합니다.

▶ **수정방법**

1) 기어 변속기를 후진(R)에서 전진(D)로 바꿉니다.
2) 핸들을 오른쪽 끝까지 꺾습니다.
3) 사이드 미러를 보면서 뒤쪽 부분의 중간 지점에 내 차량이 위치할 때까지 전진합니다.

그런 후 다시 기어를 후진(R)으로 변경하여 후진합니다. 사이드 미러 상에 내 차량과 황색선이 평행이 되면 정지합니다. 이때 핸들을 다시 원위치로 돌린 후 조금 후진하면 차량 스피커에서 **확인되었습니다!** 라는 멘트가 나오면 바로 정지합니다.

이때 내 차량의 뒤 바퀴가 하얀 확인선과 황색선 사이에 위치하는 때입니다. 확인선을 밟고 지나가면 센서에 의해 멘트가 나옵니다.

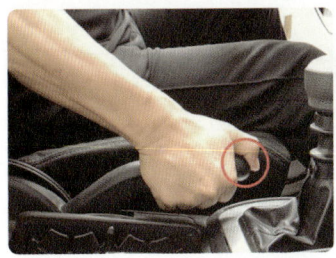 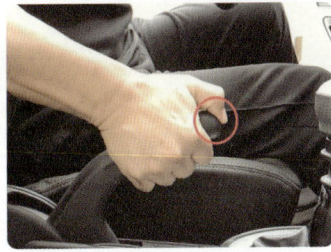 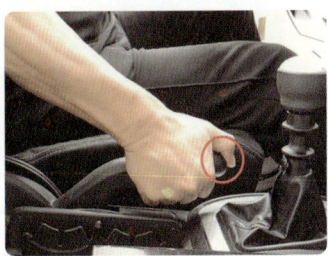

'확인되었습니다!'의 멘트가 나오면 사이드 브레이크의 앞쪽 버튼을 누른 상태로 살짝 위로 올려줍니다. 이때 삐~ 소리를 듣고 바로 주차 브레이크 레버를 내리면 됩니다. 브레이크 버튼은 올릴 때부터 내릴 때까지 계속 누르고 있는 것이 좋습니다. 주차가 끝나면 다시 변속기 레버를 전진(D)로 바꿉니다.

주차장을 나갈 때는 들어올 때와 마찬가지로 오른쪽 황색선이 창틀 중간에 위치하면 정지합니다.

핸들을 오른쪽 끝까지 꺾고 그대로 천천히 진행하면서 주차장을 나오면 끝입니다.

이때 혹시라도 탈선했을 경우, 10점 감점이 되더라도 그대로 빨리 나오는 것이 좋습니다. 불안해서 수정을 하면 시간 초과로 10점이 감점될 수도 있고, 또 다른 탈선을 불러일으킬 수 있기 때문입니다.

직각 주차는 가장 어려운 코스이면서 가장 실격이 많은 구간입니다. 감으로 하기 보다는 공식을 달달 외워서 그대로 하면 충분히 한 번에 통과가 가능합니다.

 **미남쌤의 보충수업**

주차장에서 나갈 때 어려워하는 분들을 위한 꿀팁!

주차장에서 나가는 것이 어렵다면, 항상 90도로 꺾이는 회전에서는 오른쪽 창틀 중간과 황색선이 겹쳐 보일 때 정지한 후, 핸들을 꺾어 진행하는 방법으로 해보세요. 시간은 조금 더 걸릴 수 있지만 쉽게 빠져나갈 수 있습니다.

Unit 9 가속 구간

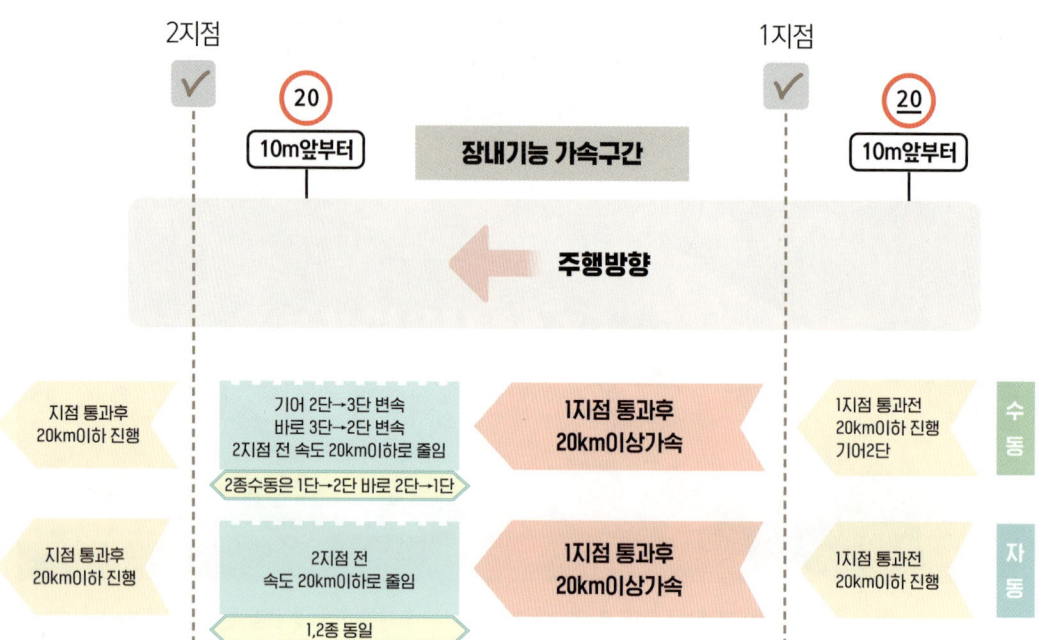

1 수동 가속 구간 방법

1) 1종은 2단, 2종은 1단으로 20km 표지판을 지나갑니다.

2) 20km 표지판 10m 후부터 (1지점) 가속페달을 밟아 20km 이상 속도를 올립니다.

3) 계기판에 20km 이상 찍히면 바로 브레이크를 밟아 속도를 20km 이하로 줄입니다. 그다음 1종은 3단 변속 후 바로 2단으로 변속을 해줍니다. 2종은 20km 이상 속도를 올린 후 바로 2단으로 변속한 다음 다시 1단으로 변속합니다.

4) 두 번째 20km 표지판을 지나갈 때부터는 속도를 20km 이하로 진행합니다.

2 자동 가속 구간 방법

1) 첫 번째 20km 표지판을 지나 10m 지점(1지점)에 가까워질 때부터 가속페달을 밟아 20km 이상 속도를 올려줍니다.
2) 두 번째 20km 표지판에 가까워지면 브레이크를 밟아 속도를 20km 이하로 줄여줍니다.
3) 두 번째 20km 표지판 10m 후 지점(2지점)을 통과할 때는 20km 이하로 통과해야 합니다.

 미남쌤의 One point lesson

가속 구간 내에서는 정지를 하면 감점이 됩니다. 1지점과 2지점 통과 전후, 20km 속도가 오르면 역시 과속으로 감점되므로 속도 조절에 주의해야 합니다.

Unit 10 장내 기능 시험 후 해야 할 일

1 시험에 불합격한 경우

1) 응시원서를 가지고 다시 다음 시험 날짜를 예약합니다.
2) 시험장은 인터넷 예약이 가능하니 언제든 예약이 가능합니다.
3) 재시험은 3일 뒤에 가능합니다.
   예) 3일 월요일 시험 → 6일 목요일 시험 응시 가능

2 시험에 합격한 경우

1) 합격 도장이 찍힌 응시 원서를 가지고 본관으로 갑니다.
2) 임시 면허증을 발급받습니다. (주행 연습용)
3) 도로 주행 시험 날짜를 잡습니다 (인터넷 예약 가능)

이제 두 개의 시험(학과시험, 장내 기능 시험)이 끝났습니다. 마지막 도로주행 시험만을 남겨 놓았는데요, 열심히 익혀서 한 번에 합격해 봅시다.

MEMO

PART 3
도로주행 마스터

#도로주행 #교차로 #차선변경 #신호위반 #끼어들기 #비보호 좌회전

Unit 11 도로주행 시험의 이해 및 합격 방법

도로주행 시험의 합격 점수는 1종 2종 모두 70점 이상입니다. 장내 기능과 다르게 모든 채점이 전자 채점으로 이루어지지 않고 옆에 검정원이 동승하여 수기 채점도 동시에 이루어집니다. 검정원들의 스타일에 따라 합격의 운도 다를 수 있다는 것이 장내 기능 시험과의 차이점 중 하나입니다.

1 4개의 지정된 코스 익히기

도로주행 시험은 총 4개의 지정된 코스 중 랜덤으로 1개의 코스를 보게 됩니다. 코스의 난이도는 조금씩 다를 수 있기 때문에 상대적으로 쉬운 코스가 걸리는 것도 운에 맡기는 수밖에 없습니다. 도로주행 시험은 자동차의 조작능력, 도로교통법규, 안전 운전의 모든 것을 통합적으로 채점합니다. 운전을 오래 한 사람들도 떨어질 수 있는 것이 도로주행 시험입니다. 그만큼 채점 방식과 시험의 의도를 잘 파악해야 합격할 수 있습니다. 가장 중요한 것은 코스를 숙지하는 것인데, 내비게이션으로 음성 지원은 됩니다만, 처음 운전을 하는 분들이라면 코스이탈의 가능성이 크기 때문에 주의해야 합니다.

2 시험 시간대 선택

가능한 한낮의 시간대를 선택하는 것이 좋습니다. 출퇴근 시간이 겹친다면 많은 차량으로 인해 차로 변경이 어렵고 신호위반에 걸릴 수도 있습니다.

3 연습 방법

연습면허증이 있으므로 가족이나 친구에게 도움을 청하여 연습하면 됩니다. 차량이 없는 시간대에 차량 앞과 뒤에 "주행연습" 표지를 붙이고 2년 이상 무사고 운전 경력이 있는 동승자가 꼭 옆에 타고 있어야 가능합니다. 도움을 받을 지인이 없다면 저렴하고 안전하게 연습을 할 수 있는 실내 운전연습장에서 연습해 보는 것도 좋습니다.

Unit 12 도로주행 채점 항목 및 감점 점수

도로 주행 시험 안내

도로주행의 채점은 GPS와 센서로 검정원의 태블릿 PC에 감지되며, 감점 행위 시 감점 처리됩니다. 채점 방식은 자동 채점, 반자동 채점, 수동 채점으로 나누어집니다.

도로주행 채점 및 합격 기준

항목	감점행위	감점	항목	감점 행위	감점
출발 전 준비	주차브레이크 미 해제	10	진로 변경	진로 변경 시 안전 미 확인	10
	차량 점검 및 안전 미 확인	7		신호 불이행 30m 전 미 신호 신호 미 유지, 신호 미 중지 진로 변경 과다 금지 장소 변경 신호 변경 미숙	7
	차문 닫힘 미 확인	5			
운전 자세	정지 중 기어 미 중립	5			
	20초 내 미 출발	10	교차로 통행	서행 위반 일시 정지 위반 횡단보도 직전 일시 정지 위반	10
출발	10초 내 미 시동 주변 교통 방해 엔진 정지(수동) 급 조작, 급 출발	7		교차로 진입 통행 위반 신호차 방해 꼬리 물기 신호 없는 교차로 양보 불이행	7
	심한 진동 (수동) 신호 안함, 신호 중지 신호 계속, 시동 장치 조작 미숙	5	주행 종료	주차 브레이크 미 작동 엔진 미 정지 주차 확인 기어 미 작동	5

가속 및 속도유지	저속, 속도 유지 불능, 가속 불가	5	실격	현저한 운전 능력 부족 -3회 이상 출발 불능 -3회 이상 엔진 정지 -3회 이상 급 브레이크 사용 -3회 이상 급 조작, 급 출발 -그 밖에 운전 능력이 현저하게 부족한 경우
제동 및 정지	급 브레이크 사용	7		
	엔진 브레이크 사용 미숙 제동 방법 미흡 정지 시 미 제동	5		
조향	핸들 조작 미숙 또는 불량	7	실격	-교통사고 위험, 사고 야기, 신호, 지시 위반 -시험관 지시 및 통제 불능 -보행자 보호 위반, 어린이, 노인 및 장애인 보호 구역 지정 속도 위반 -긴급자동차 진로 미 양보 -좌석 안전띠 미 착용, 중앙선 침범 -지정 속도 위반, 어린이 통학버스 보호 위반
차체 감각	우측 안전 미 확인 1미터 간격 미 유지	7		
통행 구분	지정차로 준수 위반 앞지르기 방법 등 위반 끼어들기 금지 위반	7		
	차로 유지 미숙	5		

▶ 합격 기준

각 시험 항목별 감점 기준에 따라 감점한 결과 100점 만점에 70점 이상

실격이 되면 바로 검정원과 운전자 교체를 하여 시험장으로 돌아옵니다.
채점 방식은 전자 채점과 검정원의 판단으로 채점이 이루어집니다.

▶ 감점 항목 해설

▶ 주차브레이크 미 해제 (자동 채점)

　-주차브레이크를 해제하지 않고 출발 시

▶ 차량 점검 및 안전 미 확인 (수동 채점)

　-차량 탑승 전 차량의 주변을 둘러보고 타이어나 주변에 장애물이 있는지 확인하는 것

　-차량 탑승 후 전후좌우 고개를 돌려 눈으로 확인하지 않는 경우

▶ 차 문 닫힘 미확인 (자동 채점)

　-출발 시 차량 문을 완전히 닫지 않은 상태로 출발하거나 주행 중 차 문이 열린 경우

▶ 정지 중 기어 미 중립 (자동 채점)

　-차량이 정지한(신호 대기 또는 차량 정체)후 10초 이내에 수동차량은 기어를 중립으로 위치시키고 클러치는 다 뗀 후 브레이크만 밟고 있는 상태를 하지 않는 경우

- 자동 차량의 경우 기어를 중립(N)으로 위치한 후 브레이크를 밟고 있어야 한다

▶ 20초 내 미 출발 (반자동 채점)
- 정차 후 다시 출발할 때 20초 이내에 출발하여야 한다

▶ 10초 내 미 시동 (자동 채점)
- 수동 차량의 경우 주행 중 시동이 꺼졌을 때 10초 이내에 다시 시동을 걸고 출발하여야 한다

▶ 주변 교통 방해 (수동 채점)
- 진행 신호 중 기기 조작 미숙으로 출발하지 못하거나 불필요한 지연 출발로 인해 다른 차의 교통을 방해하는 경우

▶ 엔진 정지 (자동 채점)
- 시동이 꺼지는 상태 (수동차량에 해당)

▶ 급 조작, 급 출발 (자동 채점)
- 기기 조작 미숙으로 엔진의 지나친 공회전 또는 급 조작하여 급 출발하는 경우

▶ 심한 진동 (자동 채점)
- 기기 등의 조작 미숙으로 인해 심한 차체의 진동이 있는 경우

▶ 신호 안 함 (자동 채점)
- 좌, 우회전 시 30m 전에 방향지시등을 작동하지 않는 경우

▶ 신호 중지 (자동 채점)
- 좌, 우회전의 행위가 끝나기 전에 방향지시등이 꺼진 경우

▶ 신호 계속 (자동 채점)
- 좌, 우회전의 행위가 끝났는데도 방향지시등을 끄지 않는 경우

▶ 시동장치 조작 미숙 (자동 채점)
- 엔진의 시동이 걸려있는 상태에서 시동장치를 다시 조작하는 경우

▶ 저속 (수동 채점)
- 교통상황에 따른 통상 속도보다 낮은 경우

▶ 속도 유지 불능 (자동 채점)
- 부적절한 기어 변속으로 통상 상황에 맞는 속도로 주행하지 못한 경우
- GPS속도로 측정을 하기 때문에 만들라는 속도보다 5km/s를 더 높여 속도를 내는 게 유리합니다

▶ 가속 불가 (수동 채점)
- 부적절한 기어 변속으로 교통상황에 맞는 속도로 주행하지 않은 경우
- 수동 차량의 경우 기어 변속을 하지 않고 계속 저단으로 진행하는 경우

▶ 급브레이크 사용 (자동 채점)
　－정지하거나 제동 시 급감속 급제동으로 차량이 심하게 요동시에 감점
　－중복 감점 가능
　－3회이상 급브레이크 시 자동 실격

▶ 엔진브레이크 사용 미숙 (자동 채점)
　－정지하기 위해 제동이 필요한 상태에서 클러치 페달로 동력을 끊어 타력 주행을 하거나 완전히 정지하기 전에 미리 기어를 중립에 넣었을 경우
　－속도를 줄일 때 미리 가속페달에서 발을 떼어 엔진브레이크를 사용하지 않은 경우

▶ 제동방법 미흡 (수동 채점)
　－제동이 필요한데도 불구하고 발을 브레이크 페달로 옮기지 않고 제동 준비를 하지 않는 경우

▶ 정지 시 미 제동 (자동 채점)
　－신호 대기 중에 브레이크를 밟고 있지 않는 경우

▶ 핸들 조작 미숙 또는 불량 (수동 채점)
　－핸들 조작을 지나치게 하거나 복원이 늦은 경우
　－차체가 좌우로 쏠림이 있어 불균형 상태가 발생할 때
　－주행 중에 핸들의 아랫부분만 잡고 있거나 한 손으로 운전하는 경우
　－좌우 회전 시 양팔이 X자로 교차되는 경우

▶ 우측 안전 미확인 (수동 채점)
　－교차로를 진행하는 데 있어 이륜차 등(보행자)이 있거나 이륜차 등과 나란히 있는데 이륜차를 먼저 보내지 않았을 경우
　－교차로에서 우회전 직전에 눈 또는 후사경으로 차량 오른쪽의 사각지대를 확인하지 않은 경우

▶ 1m 간격 미 유지
　－마주 오는 차량 또는 주·정차 차량, 그 밖에 장애물을 통과 시에 너무 가까이 붙여 진행하였을 경우

▶ 지정 차로 준수 위반 (수동 채점)
　－차로의 방향(도로 화살표 표시)을 따르지 않고 진행한 경우

▶ 앞지르기 방법 등 위반 (수동 채점)
　－정상적으로 앞지르기하는 차량을 속도를 내서 방해한 경우
　－앞차가 좌회전을 하는데 앞차를 앞지르기하기 위해 앞차의 좌측으로 진행하는 경우
　－앞지르기하려고 할 때 앞, 뒤 차량을 방해하는 경우
　－우측으로 앞지르기할 때, 앞지르기 금지구역에서 앞지르기를 시도할 경우

▶ 끼어들기 금지 위반 (수동 채점)
  −도로의 합류지점에서 진입 시 다른 차량을 방해할 경우
▶ 차로 유지 미숙 (수동 채점)
  −차선을 침범했을 경우
  −안전지대를 침범했을 경우
  −우회전 시 우측 차선(길 가장자리 구역)을 침범했을 경우
▶ 진로 변경 시 안전 미확인 (수동 채점)
  −진로를 변경하는 경우(좌·우회전, 유턴 포함) 고개를 돌리는 등 적극적으로 안전을 확인하지 않은 경우
▶ 신호 불이행 (수동 채점)
  −진로 변경 시 방향지시등을 켜지 않은 경우
▶ 30m 전 미 신호
  −방향지시등을 켜자마자 진로 변경한 경우
▶ 진로 변경 시 신호 미 유지 (수동 채점)
  −진로 변경(좌, 우회전, 유턴 포함)이 끝나지 않았는데 방향지시등을 끄거나 꺼진 경우
▶ 진로 변경 시 신호 미 중지 (수동 채점)
  −진로 변경 (좌, 우회전, 유턴 포함)이 완료가 되었는데도 신호를 켠 상태로 진행할 경우
▶ 진로 변경 과다 (수동 채점)
  −한 번에 두 개 차선 이상을 변경
  −불필요하게 진로 변경을 여러 번 한 경우
▶ 진로 변경 금지 장소 변경 (수동 채점)
  −진로 변경이 금지된 곳에서 진로 변경 한 경우
  −유턴 시 중앙선을 밟거나 넘어서 유턴한 경우
▶ 진로 변경 미숙 (수동 채점)
  −변경하려는 차선의 차량을 방해할 수 있는데도 불구하고 진로 변경을 할 경우
  −진로 변경을 할 수 있는데도 불구하고 바꾸지 않아 뒤차의 진행을 방해한 경우
  −현저히 위험한 경우는 실격처리!
▶ 서행 위반 (수동 채점)
  −좌우 회전 시 서행하지 않은 경우
  −좌우를 확인할 수 없는 교차로에서 서행하지 않은 경우
  −도로의 모퉁이 부근 또는 오르막길의 정상 부근, 경사가 급한 내리막길에서 서행하지 않은 경우

- ▶ 일시정지 위반 (수동 채점)
  - −교통이 빈번한 교차로에서 일시정지 않은 경우
  - −안전표지 등에 의해 지정된 일시정지 장소에서 하지 않은 경우
- ▶ 횡단보도 직전 일시정지 위반 (수동 채점)
  - −어린이 보호구역 안에 위치한 신호등 없는 횡단보도에서는 보행자가 없어도 무조건 일시정지하여야 한다
- ▶ 교차로 진입 통행 위반 (수동 채점)
  - −우회전 시 우측 차로, 좌회전 시 좌측 차로에 미리 들어가 있지 않고 차로를 위반하여 좌, 우회전을 한 경우
  - −서행하지 않을 시 서행위반으로도 감점
- ▶ 신호 차 방해 (수동 채점)
  - −교차로에서 신호를 받아 좌·우회전하는 차량을 방해한 경우
- ▶ 꼬리 물기 (수동 채점)
  - −교차로에서 정지선을 지나 교차로 내에 정지한 다른 차량의 교통에 방해가 된 경우
- ▶ 주차브레이크 미 작동 (자동 채점)
  - −시험 종료 후 주차브레이크를 하지 않은 경우
- ▶ 엔진 미 정지 (자동 채점)
  - −시험 종료 후 엔진 시동을 정지하지 않고 하차한 경우
- ▶ 주차 확인 기어 미 작동 (수동 채점)
  - −시험 종료 후 자동변속기의 경우 주차(P) 위치로 두지 않는 경우
- ▶ 그 외 실격 요인
  - 다음 어느 하나에 해당하는 경우에는 시험을 중단하고 실격으로 한다
  - −3회 이상 출발 불능, 클러치 조작 불량으로 인한 엔진 정지, 급브레이크 사용, 급 조작, 급 출발 또는 그 밖에 운전능력이 현저하게 부족한 것으로 인정할 수 있는 행위를 한 경우
  - −안전거리 미확보나 경사로에서 뒤로 1m 이상 밀리는 현상 등 운전능력 부족으로 교통사고를 일으킬 위험이 현저한 경우 또는 교통사고를 야기한 경우
  - −음주, 과로, 마약, 대마 등 약물의 영향이나 휴대전화 사용 등 정상적으로 운전하지 못할 우려가 있거나, 교통안전과 소통을 위한 시험관의 지시 및 통제에 불응한 경우
  - −법 제5조에 따른 신호 또는 지시에 따르지 않은 경우
  - −법 제10조부터 제12조까지, 제12조의2 및 제27조에 따른 보행자 보호의무 등을 소홀히 한 경우
  - −법 제12조 및 제12조의 2에 따른 어린이보호구역, 노인 및 장애인 보호구역에 지정되어 있는 최고

속도를 초과한 경우
- 법 제13조 제3항에 따라 도로의 중앙으로부터 우측 부분을 통행하여야 할 의무를 위반한 경우
- 법령 또는 안전표지 등으로 지정되어 있는 최고 속도를 시속 10km 초과한 경우
- 법 제29조에 따른 긴급자동차의 우선 통행 시 일시 정지하거나 진로를 양보하지 않은 경우
- 법 제51조에 따른 어린이 통학버스의 특별 보호 의무를 위반한 경우
- 시험시간 동안 좌석 안전띠를 착용하지 않은 경우

도로주행 응시생 채점 항목별 분석에 따른 최다 감점 항목

항목	내용	채점 기준
진로 변경 미숙 (감점 7점)	- 뒤쪽에서 진행하여 오는 자동차가 급히 감속 또는 방향을 급변경하게 할 우려가 있음에도 진로를 바꾸거나 바꾸려고 한 경우 - 진로를 바꿀 수 있음에도 그 시기를 놓치고 뒤쪽에서 진행해 오는 자동차 등의 통행에 방해가 된 경우	무리하게 진로를 변경함으로써 뒤쪽 차에게 위험을 주게 한 경우 또는 뒤쪽 차에 차로를 양보할 수 있었음에도 시기를 놓쳐 뒤쪽 차의 교통을 방해한 경우 채점한다.
교차로 진입 통행 위반 (감점 7점)	- 교차로에서 우회전 시 미리 도로의 우측 가장자리를, 좌회전 때 미리 도로의 중앙선을 따라 교차로의 중심 안쪽을 각각 서행하지 않은 경우	교차로에서 좌, 우회전할 때 교차로 통행 방법을 위반한 경우 채점한다.
진로 변경 신호 미 유지 (감점 7점)	- 진로 변경이 끝날 때까지 변경 신호를 계속하지 않은 경우	진로 변경이 끝날 때까지 방향지시등을 유지하지 못하는 경우 채점한다.
핸들 조작 미숙 또는 불량 (감점 7점)	- 핸들 조작을 지나치게 하거나 복원이 늦은 경우, 차체의 진동 또는 흔들림으로 인한 불균형 상태, 주행 중에 핸들의 아래 부분만을 잡고 있는 경우, 한 손 운전, 상체 쏠림 양팔 교차 파지	급격한 핸들 조작으로 자동차의 타이어가 옆으로 밀린 경우, 핸들 복원이 늦은 경우, 한 손으로 잡은 경우, 조향 장치의 조작 불량 등으로 차량의 안전 운전 위험 요인이 발생할 때마다 채점한다.
정지 중 기어 미 중립 (감점 5점)	- 신호 또는 차량 정체 등으로 10초 이상 정차할 때 기어를 넣거나, 기어가 들어가 있는 경우 (자동변속기, 수동변속기)	신호 대기 등으로 차량이 10초 이상 정지하고 있는 상태에서 기어를 넣거나 기어를 중립 위치에 두지 않은 경우 채점한다. (기어 중립 시 반드시 브레이크를 밟아야 함)
금지 장소에서의 진로 변경 (감점 7점)	- 진로 변경이 금지된 교차로, 횡단보도 등에서 진로를 변경하는 경우 - 유턴할 수 있는 구간에서 차량이 중앙선을 밟거나 넘어가서 유턴한 경우	교차로, 횡단보도 등 진로 변경이 금지된 장소에서 진로 변경을 하거나 차량이 중앙선을 밟거나 걸쳐서 유턴하는 경우 채점한다.

미남쌤의 필살기 3탄 차선 변경 (끼어들기)

처음 운전을 시작하게 되면 도로에서는 차선 변경이 가장 힘듭니다. 차선 변경을 제대로 하지 못하여 원래 가려고 했던 길로 가지 못하고 돌아가는 일들이 종종 생기지요. 아주 오래전 시트콤에서는 차선 변경을 못해서 서울에서 부산까지 가는 에피소드도 있을 정도니까요. 특히 옆 차선에 차가 많거나 뒤따라오는 차량이 있으면 더욱 변경하는 데 어려움이 있습니다.

차선 변경을 할 때 방향지시등을 켜는 것은 기본입니다. 방향지시등을 켜고 사이드미러는 상하 반으로 나누었을 때 뒤쪽에 있는 차가 위쪽에 보일 때 바꾸어 주면 안전합니다. 그렇다고 사이드미러를 오랫동안 계속 쳐다보면 사고 위험이 있겠지요? 전방 주시가 우선이 되어야 한다는 점 잊으면 안 됩니다.

초보운전자들 중에 차선 변경 시 겁이 나서 속도를 줄이는 분들이 많습니다. 제가 직접 운전 연수를 진행할 때도 흔히 볼 수 있는 모습입니다. 하지만 이럴 경우 차량의 흐름에 방해를 주고 이는 사고 위험을 높일 수 있습니다. 따라서 차량 흐름에 맞게 속도를 유지하거나 또는 살짝 높여서 진입해 주시는 게 중요합니다. 위의 QR 코드를 스캔하면 여러분들께 도움이 되는 영상을 보실 수 있으니 여러 번 보시고 내 것으로 만드시기 바랍니다.

Unit 13 차량 탑승, 출발 전 준비 사항

시트 포지션 맞추기

차량의 탑승 방법은 차량의 종류에 따라 달라집니다.

1 1종 트럭의 탑승 방법

- 왼손으로 차량의 손잡이를 잡습니다.
- 왼발을 차량 발판에 올립니다.
- 손과 발에 동시에 힘을 주어 오른손으로 핸들을 잡고 당기면서 의자에 탑승합니다.

2 2종 승용차 탑승 방법

오른손으로 핸들을 잡고 오른발부터 집어넣어 탑승합니다.

3 1종 차량 시트 포지션 맞추기

1) 의자의 앞, 뒤 조절

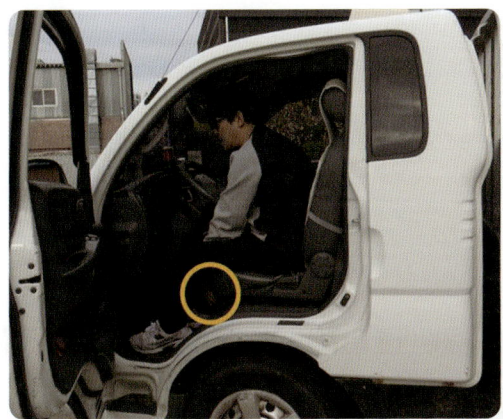

시트 중앙에 레버를 한 손으로 올리고 다른 한 손으로 핸들을 잡아 앞, 뒤로 조절하면서 발의 위치를 맞춥니다.

자동의 경우 오른발로 브레이크 엑셀 페달이 잘 밟히는지 확인하면서 조절해 줍니다.

수동의 경우는 왼발의 클러치를 끝까지 눌렀을 때 페달이 끝까지 밟힐 정도가 되어야 합니다. 키가 작아 클러치가 너무 멀게 느껴진다면, 꼭 허리 쿠션을 대고 시험에 응시할 것을 추천합니다.

2) 의자의 등받이 조절

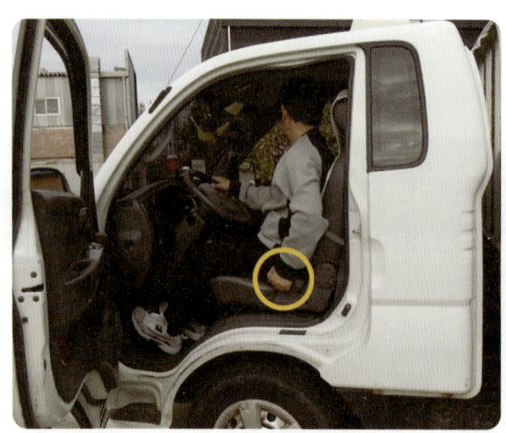

등받이를 조절하여 핸들을 잡는 손의 위치를 설정합니다.

3) 안전벨트 착용

안전벨트는 의자 조절을 한 후, 마지막에 착용합니다.

먼저 오른손으로 벨트 클립을 잡고, 잡은 클립을 당기면서 왼손으로 줄을 더 당겨 넉넉하게 한 후, 오른손으로 잡았던 클립을 고정합니다.

주의 긴장해서 너무 빠르고 세게 당기면 벨트의 특성상 걸려서 나오지 않으니 부드럽게 당겨야 합니다.

4 2종 차량 시트 포지션 맞추기

1) 의자의 앞 뒤 조절

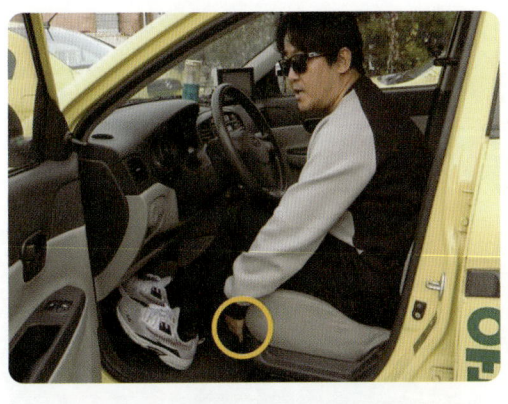
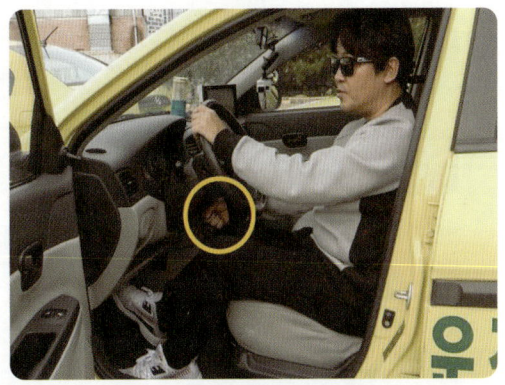

- 오른발을 브레이크에 대보고, 멀거나 가깝다면 앞, 뒤 조절을 해줍니다. 앞뒤 조절 레버는 의자 중앙 아래 쇠로 된 긴 조절 레버가 있으니 왼손으로 레버를 올리고, 오른손으로 핸들을 잡아 지탱하며 조절해줍니다.
- 무릎과 조향 핸들 기둥 부분 사이에 주먹 하나 정도의 간격을 띄워 조절해 주는 것이 좋습니다.

2) 의자의 등받이 조절

- 조절 레버는 시트 왼쪽 부분에 위치해 있습니다. 레버를 올려 등받이 각도를 조절해 주시면 됩니다
- 등을 의자에 붙인 상태에서 핸들의 정 중앙 윗부분을 두 손으로 잡을 수 있다면 적당하게 조절이 된 것입니다.

핸들 잡은 손의 위치는 오른손 3시 방향, 왼손 9시 방향으로 해주시면 되고 각도는 대략 150도 정도 되도록 조절해 줍니다

팔이 쭉 펴진 상태이거나, 너무 가까운 상태라면 핸들을 돌리기 어려우므로 주의해야 합니다.

시트 조절은 출발 전 가장 중요한 준비 과정입니다. 시험용 차량은 여러 사람이 탑승을 하기 때문에 항상 차량에 탑승하면 가장 먼저 운전자 본인에게 맞게 시트를 조절해 주어야 합니다.

미남쌤의 필살기 4탄 **차선 맞추기**

실제로 도로에 처음 나가게 되면 차선을 맞추는 것이 매우 어렵게 느껴집니다. 특히 내가 차선을 침범하여 사고를 내지 않을까 하는 두려움이 모든 초보운전자들에게는 있게 마련입니다. 그래서 제가 초보운전자분들을 위해 차선을 쉽게 맞추는 방법을 알려드리려고 합니다.

차선을 맞추는 데 있어 가장 중요한 것은 시선을 멀리 두는 것입니다. 차선을 맞추는 것뿐만 아니라 도로의 상황을 파악하는데도 도움이 되기 때문입니다. 또한 이미 많은 운전 고수(?) 분들이 차선을 맞추는 여러 가지 방법을 블로그나 기타 SNS에 올려두었는데요, 예를 들면 자신의 오른쪽 허벅지를 차선 가운데 맞추기 또는 앞 유리창의 왼쪽 모서리 밑 부분을 왼쪽 차선에 맞추기 등이 있습니다. 그런데 이런 방법들은 자칫 시선이 아래쪽 가까운 곳으로 쏠릴 수 있는 위험이 큽니다. 따라서 제가 제안하는 가장 좋은 방법은 내 몸을 기준으로 맞추는 것입니다.

내 몸이 왼쪽 차선에 거의 닿는 느낌이라면 차량은 가운데로 달리고 있는 것이고, 오른쪽으로 차선 변경을 할 때는 내 몸이 가운데 있는 느낌으로 붙여주면 됩니다. 이렇게 내 몸을 기준으로 맞추는 습관을 들여야, 시선을 멀리 보면서 도로의 상황도 함께 파악할 수 있습니다.

자세한 내용은 위의 QR 코드를 스캔하여 영상으로 확인해 보시면 좋겠습니다. 여러분이 베스트 드라이버가 될 때까지 응원하겠습니다.

Unit 14 출발 전 사이드미러, 룸미러 조정 방법

사이드 미러 룸미러 조정

1 사이드미러 조정

거울에 내 차량이 4분의 1 정도 보이게 좌우를 조정합니다.

멀리 지평선을 기준으로 하늘이 1, 도로가 2의 비율로 보이게 하거나, 1:1 비율로 맞춰도 됩니다.

위와 같이 땅이 너무 많이 보이면 뒤에 차량들이 잘 보이지 않고, 하늘이 너무 많이 보이면 옆 차량들이 잘 보이지 않습니다.

뒤쪽 차량과 옆쪽 차량이 잘 보이는 각도로 조정하는 것이 가장 이상적입니다.

2 사이드미러 조정 방법

》 엑센트는 직접 손으로 수동 조정 레버를 움직여 조정합니다.

3 룸미러 조정 방법

룸미러는 운전석에서 봤을 때 뒤 창문이 다 보일 정도로 조정해 주시면 됩니다.

검정원이 시험 시 잘 조정했는지 확인하지 않지만, 주행 전 사이드미러와 룸미러를 조정하려는 액션은 취해주는 게 좋습니다.

Unit 15 차로 맞추기 및 페달 조절 방법

차로 맞추기   페달 조절

자동차 운전의 가장 기본은 직진, 차로 변경, 교차로 좌·우회전, 교차로 유턴 등이 있습니다. 그중 주행의 대부분을 차지하는 가장 중요한 항목이 바로 차로 유지입니다. 차로의 가운데로 가지 못한다면 상당히 위험한 상황이 생길 수 있으므로 검정원들이 이 항목을 유심히 봅니다.

1 차로 맞추기

차로를 맞추기 위해서는 차량의 구조를 먼저 이해해야 합니다.

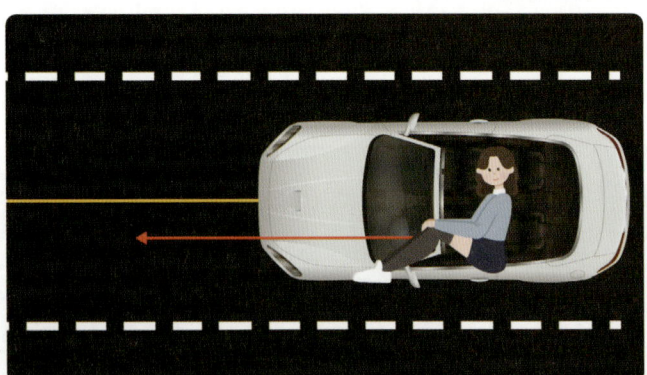

우리나라는 우측통행을 하므로 운전자의 위치가 왼쪽에 있고, 우측은 보조석입니다. 차량이 중간에 위치하면 운전자는 도로의 중앙보다 약간 왼쪽에 위치합니다.

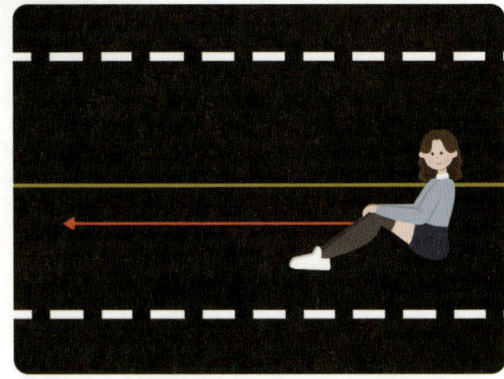

» 도로의 중앙을 나누어 왼쪽 반을 운전자가 걸어간다고 생각해 보시면 쉽습니다.

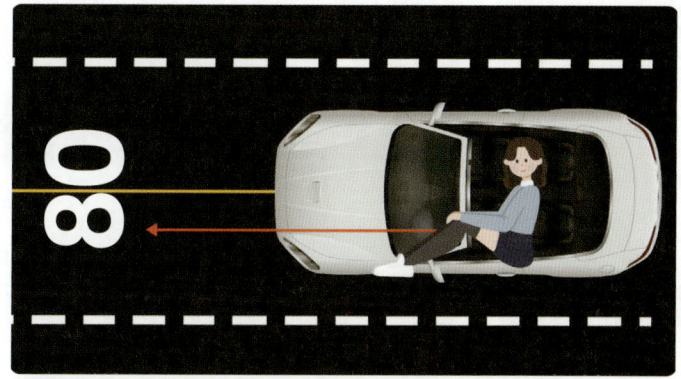

도로의 노면 숫자가 제한 속도를 말하는데 왼쪽에 위치한 숫자가 운전자의 몸 아래로 지나간다면 딱 맞습니다.

운전석에서 도로의 시야를 멀리 봐야 합니다. 시선을 가깝게 두면 내 차량이 어느 한 쪽으로 쏠리고 있다는 것을 늦게 감지할 가능성이 있기 때문입니다.

2 핸들의 조정

핸들은 미세하게 조금씩 움직여야 합니다. 대부분 운전을 처음 시작하면 차로 맞추는 것에 온 신경을 쓰게 되고, 긴장도가 높아지므로 핸들을 잡은 손에 힘이 잔뜩 들어갑니다. 이런 경우 미세 조정이 어려워 차량이 좌우로 왔다 갔다 하게 됩니다. 따라서 차로를 맞출 때는 시선은 멀리 보고 손에 힘을 뺀 상태에서 핸들을 미세 조정해 주어야 합니다.

③ 자동차 페달 조절

▶▶ 왼발 클러치

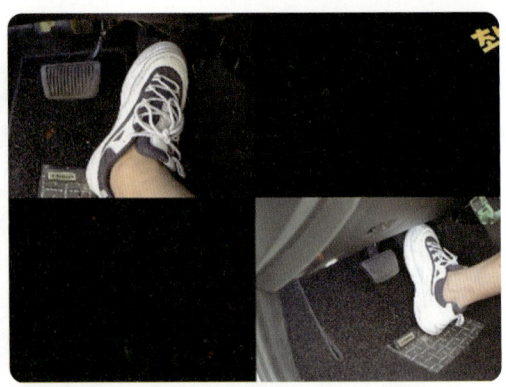

▶▶ 오른발 엑셀과 브레이크

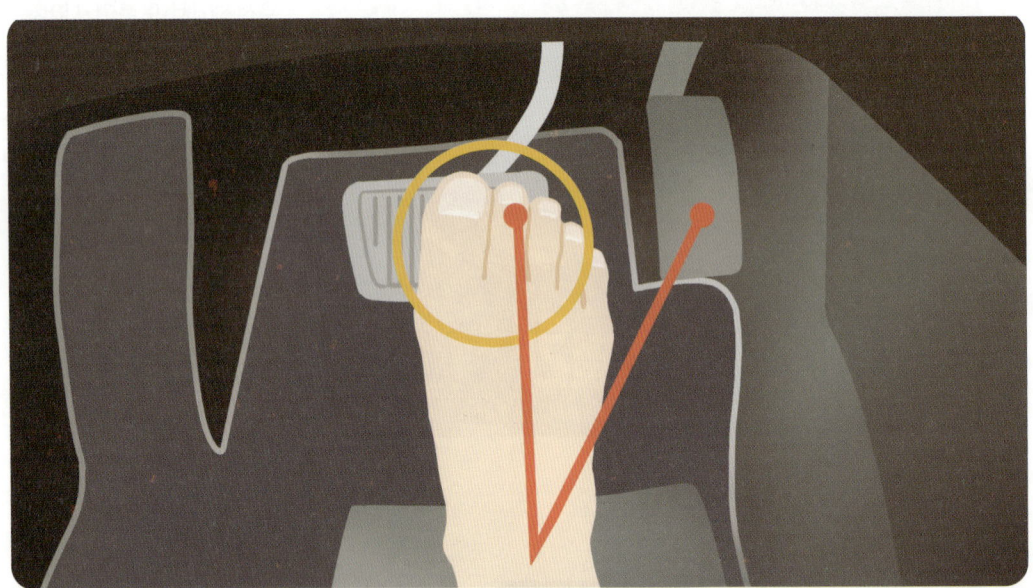

오른발의 뒤꿈치를 브레이크의 오른쪽에 위치하게 합니다. 엑셀 페달 쪽으로 갈 때는 뒤꿈치가 축이 되어 부채처럼 발가락 부분을 이동시키면 됩니다.

페달은 항상 밟는 느낌이 아니라 발을 얹어 놓은 느낌이어야 합니다. 이때 발목의 힘으로 살짝만 눌러주면 부드러운 조작을 할 수 있습니다. 아주 미세한 조절은 발가락만 구부리며 밟는다는 느낌을 기억하세요. 앞쪽 발을 페달 위에 얹어 놓는 느낌이어야 하므로 앞쪽 밑창이 두꺼운 신발은 피하는 것이 좋습니다.

 **미남쌤의 보충수업**

집에서 물 풍선을 만들어 발가락 부분의 힘 조절을 하여 눌러주는 연습을 하면 도움이 될 수 있습니다.

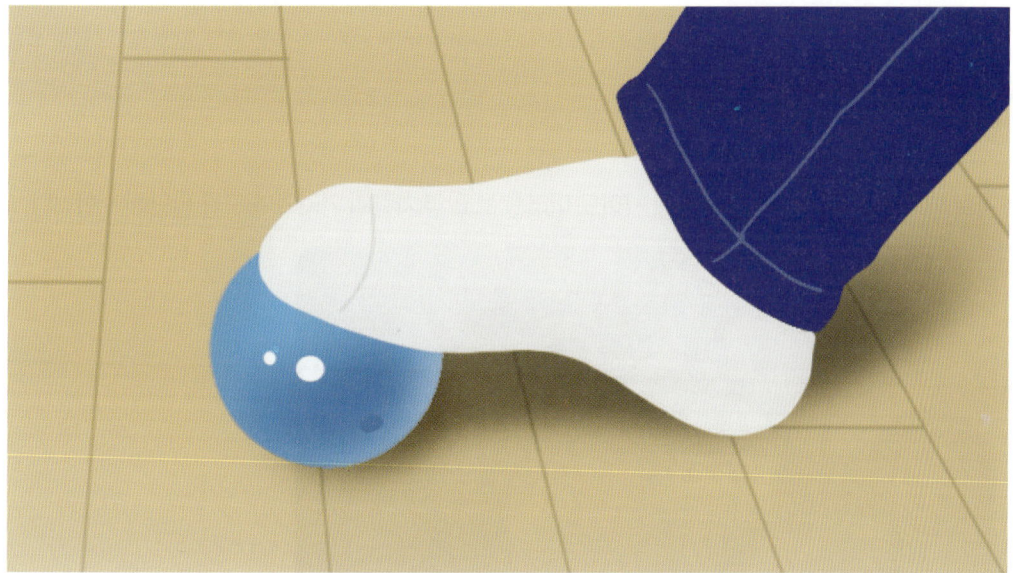

브레이크 페달을 밟을 때 처음에는 유격이라 하여 브레이크 작동이 잘 안될 수 있고, 엑셀 페달은 밟는 즉시 가속이 될 수 있습니다. 브레이크는 차량마다 조금씩 느낌이 다를 수 있으니, 출발 시 최초 브레이크를 밟았을 때의 느낌을 잘 기억해 두어야 합니다.

Unit 16 차로 변경 요령 및 감점사항

차로 변경 요령   차로 변경 연습

차로 변경은 교차로에서 회전을 하기 위해 꼭 필요한 항목으로서, 차량이 많은 복잡한 시험 코스에서 시험을 보는 분들은 조금 어려울 수 있습니다.

차로 변경을 하려면 먼저 주행 중에 사이드 미러를 보고 옆 차량의 거리와 속도를 판단해야 합니다.

초보운전자는 사이드 미러를 볼 때 내 뒤 차량인지, 옆에 있는 차량인지 구분을 못하는 경우가 많습니다. 우선 사이드 미러 상에 내 차량이 4분의 1정도 보이게 조절하면 내 차량의 바로 옆 차선이 보일 것입니다. 그러면 자연스럽게 옆 차량인지, 내 차 뒤에 있는 차량인지 구분이 갑니다.

사이드 미러 상에서 옆 차량이 보인다면 옆 차량의 거리보다는 속도 파악을 먼저 해야 합니다. 내가 들어갈 타이밍을 잡아야 하는데, 이때 사이드 미러를 오래 보고 있으면 내 앞 차량과 추돌 위험성이 있거나 차로 유지가 어려울 수 있습니다.

사이드 미러를 볼 때는 1초씩 두 번에서 세 번 정도 나누어 봅니다. 이때 차량의 거리가 가까워졌다면 그 차량의 속도가 빠른 것이라 판단하고 그 뒤를 따라 들어가는 것이 좋습니다. 그런데 계속 같은 위치에 있다면 앞으로 들어가도 무방합니다.

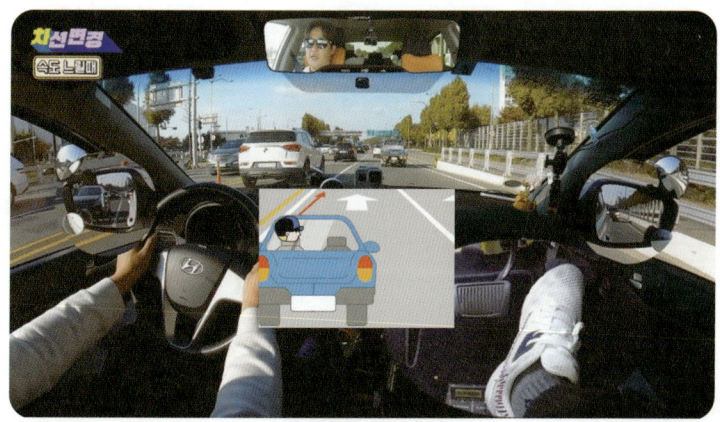

차량이 많은 곳에서의 차로 변경은 변경하기 전에 변경할 차선 쪽으로 내 차를 붙여주는 것이 중요합니다. 예를 들어 왼쪽으로 차로 변경을 시도한다면 방향지시등을 켜고 운전자의 몸이 왼쪽 차선만 넘어가지 않도록 붙여주는 느낌으로 서서히 주행해 줍니다.

오른쪽으로 변경을 할 때는 운전자의 몸이 내 차로의 중앙으로 간다는 느낌으로 주행을 해주면 차량은 자연스럽게 오른쪽으로 붙어갈 것입니다.

이런 동작이 필요한 이유는 뒤 차량들이 방향지시등을 켠다고 해서 모두 양보를 해주지는 않기 때문입니다. 우리가 방향지시등을 켜고 차량을 한 쪽으로 붙이는 액션을 취하면 뒤 차량은 양보를 해줄지 말지 판단합니다. 차로 변경을 원한다면 옆 차량의 속도에 맞춰 가다가 좀 더 속도를 내며 변경합니다. 이때 속도를 너무 늦추면 뒤 차량이 금방 앞으로 와서 위험한 상황이 발생할 수 있습니다.

또한 옆 차선 앞쪽에 차 사이 간격이 넓다고 해서 무리하게 앞으로 들어가려고 하면 사고 유발이 될 수 있어 실격될 수 있습니다. 항상 사이드 미러를 보고 옆 차량의 뒤로 들어가려는 연습을 해야 합니다.

옆 차량들의 속도가 빠른 경우에는 옆 차량을 보내고 내 앞 창문 쪽으로 해당 차량의 번호판이 보일 때 가속을 하면서 차로 변경을 시도합니다. 너무 늦게 들어가면 뒤 차량이 빠르게 가까워져 위험할 수 있으니 속도를 늦추면 안 됩니다.

▶ **차로 변경 시 주요 감점 요인**

–방향지시등을 켜고 30m 이상 진행하지 않는 경우, 충분한 안전 확인을 하지 않은 이유로 감점됩니다.

–차로 변경 중간에 미리 방향지시등을 끄는 경우 방향지시등 미유지로 감점될 수 있습니다.

–변경이 끝나고 방향지시등을 끄지 않고 진행하는 경우도 많습니다. 변경이 끝난 후 긴장을 풀어 깜빡하는 수험생이 꽤 발생합니다.

–절대 브레이크를 밟고 들어가면 안 됩니다. 옆 차량의 속도에 맞춰 가속 페달을 밟으면서 이동해야 합니다.

Unit 17 교차로 좌·우회전, 유턴 시 핸들링 방법

1 논크로스 방법

논크로스 방법은 팔을 교차시키지 않고 돌리는 방법입니다. 대부분 좌회전이나 우회전처럼 완만한 코너링에 사용합니다. 도로주행 시험에서는 '교차파지'라는 감점 항목이 있습니다. 교차파지란 회전 시 핸들을 조작할 때 팔이 X자로 꼬인 상태로 유지하는 것을 말합니다.

≫ 교차파지 핸들 모양

2 크로스 방법

크로스 방법은 유턴과 같이 급격한 코너링 시 사용합니다. 팔을 X자로 크게 돌리는 방법이며, 회전 중 핸들이 고정될 때 팔이 X자로 교차되는 교차파지와는 다른 개념입니다.

좌회전은 핸들이 반 바퀴 정도 돌아가면 가능하고, 우회전은 반 바퀴에서 한 바퀴 정도면 회전이 가능합니다. 유턴은 무조건 끝까지 다 돌려야 합니다.

주의 한 손 핸들링은 감점이 될 수 있습니다. 단, 핸들의 복원력을 이용한 조절은 괜찮습니다.

　　*핸들의 복원력 : 핸들을 회전하기 위해 돌렸다가 원위치로 풀 때 다시 제자리로 돌아오려고 하는 성질 (주행 중 가능)

Unit 18 교차로 좌회전 방법 및 감점사항

1 교차로 좌회전 방법

교차로 30m 전부터 좌측 방향지시등을 켜줍니다. 대략 50m~100m 전부터 미리 켜도 무방합니다. 차량 신호는 좌회전 화살표 신호가 나왔을 때 가능하고, 핸들은 반 바퀴 정도 논크로스 방법을 사용하여 회전합니다.

교차로 정지선 전에 황색불이 나오면 무조건 정지를 해야 하는데, 이때 속도를 미리 줄이기 시작해야 하니 교차로 진입 전에 꼭 한 번 신호를 확인합니다. 교차로 진입 후 황색불이면 좌회전 속도 그대로 교차로를 빠져나가야 합니다. 이때 실수로 정지선을 지나 멈춘다면 실격 처리 됩니다.

회전 시 속도는 20km~30km를 맞춰 서행으로 회전합니다. 회전하기 전 속도가 빠른 경우 횡단보도 20m 전부터 브레이크를 밟아 속도를 줄이고 너무 줄였다면 다시 엑셀을 살살 밟으면서 속도를 맞춰 진행합니다. 좌회전은 우회전(20km 이하), 유턴(20km 이하) 보다 조금 빠른 속도입니다. 좌회전 시 교차파지 감점이 많이 나오므로 반드시 논크로스 방법으로 회전하는 것이 좋습니다.

바닥에 있는 유도선을 따라 1차로에서 1차로로 진입을 해야 합니다. 너무 넓게 돌면 감점 처리 될 수 있습니다. 시선은 앞 창문과 옆 창문을 같이 보면서 핸들링에 신경 써야 합니다.

▶ 교차로 좌회전 시 주요 감점 요인

-30m 전 방향지시등 미 작동 (30m 이내 방향지시등 작동)

-교차파지 (불안정한 핸들링)

-유도선 침범 (차로 침범)

-너무 빠르거나 너무 느린 속도 (속도 유지 불량)

-방향지시등 꺼짐 (심한 핸들링으로 인한 자동 꺼짐)

Unit 19 교차로 우회전 방법 및 감점사항

교차로 우회전 신호는 따로 없습니다만, 신호 보는 법이 더 까다롭습니다. 우회전에서 신호 위반으로 실격하는 경우가 많으므로 정확히 알아야 합니다.

1 교차로 우회전 방법

정면의 차량 신호를 잘 봐야 합니다. 정면의 차량 신호가 빨간불이면 일시 정지하고, 횡단보도 보행자 신호를 잘 봐야 합니다.

- 회전하기 전 마주치는 첫 번째 횡단보도에 보행자 신호가 파란불(초록불)일 경우 보행자가 없어도 계속 정지하고 있어야 합니다. (기어 중립)
- 보행자 신호가 빨간불로 바뀌면 서서히 우회전을 합니다.

첫 번째 횡단보도 신호가 빨간불이라면 차량 신호에 맞춰 일시정지하고 1초 후에 서서히 우회전을 합니다.

우회전 코너를 돌면 나오는 두 번째 횡단보도에서 보행자가 있다면 다시 정지합니다.

코너를 돌아 두 번째 횡단보도에 보행자가 없으면 보행자 신호가 파란불(초록불)이어도 정지 없이 서서히 진행해도 됩니다.

정면 신호가 파란불(초록불)이라면 첫 번째 횡단보도 신호는 무조건 빨간불이므로 일시 정지 없이 서서히 우회전을 진행하면 됩니다. 이때 회전 후 바로 나오는 두 번째 횡단보도에 파란불일 경우가 있기 때문에 두 번째 횡단보도의 보행자가 있는지 좌우를 꼭 확인하면서 서행합니다.

주의 우회전은 맨 우측 차로로 진행해서 코너를 돌아 맨 우측 차로로 진입해야 합니다.

우회전 방향지시등은 30m 전에 켜야 합니다. 우회전의 회전 속도는 20km 이하로 진행하고 교차로 직전 20m 전부터 줄인 후, 차량 신호에 맞춰 정지를 하거나 서행합니다.

첫 번째 횡단보도를 지나 코너 중간 지점에서 왼쪽 창문을 통해 숄더 체크*를 합니다. 이때 직진 차량이 온다면 중간 지점에서 기다리고 직진 차량이 없다면 서행하면서 진행합니다.

맨 우측 차로로 진입하려는데, 주정차 차량이나 장애물이 10m 이내에 있다면 바로 옆 차로로 진행해도 무방합니다. 이때 방향지시등은 켜지 않아도 됩니다.

*숄더 체크 : 고개를 돌려 옆 창문 쪽으로 위험 상황을 감지하는 행동

PART 3 도로주행 마스터 97

–10m 이후 주정차 차량이나 장애물이 있다면 맨 우측 차로로 진입 후, 방향지시등을 켜고 왼쪽 사이드 미러로 안전 확인 후 차로 변경을 시도합니다.

핸들의 회전 양은 교차로의 회전 각도에 따라 다르지만 대부분 반 바퀴에서 한 바퀴 사이면 가능합니다. 회전 각도가 큰 우회전의 경우는 한 바퀴 이상 돌아가는 경우도 있습니다. 이때 꼭 내가 가려는 차로의 먼 곳을 보면서 핸들링을 해야 합니다.

보행섬이 있는 샛길 우회전은 대부분 따로 신호는 없지만, 있다면 신호에 따르면 됩니다.

보행섬 중간에 신호가 없는 횡단보도에서는 보행자가 횡단을 하려고 다가오면 횡단보도 앞에서 정지를 합니다. 주변을 살펴도 보행하려는 사람이 없다면 서행으로 멈추지 않고 진행합니다. 이때 10초 이상 정지하지 않는 상황이라면 중립 기어는 넣지 않아도 됩니다.

우회전 직전에 횡단보도가 없고 정지선만 있다면, 직진이나 좌회전하는 차량이 있는지 확인해 주면서 신호 차량에 방해가 되지 않게 진행하면 됩니다.

주의 횡단보도 위 보행자가 인도로 올라가기 전에 진행을 하면 보행자 보호 위반으로 실격 처리 됩니다. 반드시 보행자가 인도 위로 모두 올라갔을 때 진행해야 합니다.

Unit 20 교차로 유턴 방법 및 감점사항

유턴 방법

1 교차로 유턴 신호 보는 법

각 교차로마다 유턴 신호는 다릅니다. 도로주행 시험 코스의 유턴 표지판을 미리 숙지해 두면 시험 보는 데 훨씬 편리합니다.

유턴 타이밍 헷갈릴 땐 표지판을 살펴보자!

유턴, 보조 표지를 따르자

- **좌회전시**: 좌회전 신호가 들어왔을 때만 유턴 가능
- **적신호시**: 정지신호, 적신호에만 유턴 가능
- **보행신호시**: 보행신호시 유턴 가능
- **좌회전시 보행신호시**: 좌회전 신호 혹은 보행신호시 유턴가능
- **적좌신호시**: 적신호와 좌회전 동시 신호시 유턴가능
- **적·좌신호시** (또는): 적신호 또는 좌회전 신호시 유턴 가능

대부분 유턴 신호는 좌회전 시, 보행신호 시 가능합니다.

1) 좌회전 시 : 정면 차량 신호에 좌회전 신호가 나왔을 때
2) 보행 신호 시 : 바로 앞 횡단보도 보행자 신호가 파란불일 때
3) 적 신호 시 : 정면 차량 신호등이 빨간불일 때
4) 직진 신호 시 : 정면 차량 신호등이 파란불일 때
5) 유턴 신호 시 : 정면 차량 신호등이 파란 유턴 신호일 때

위와 같이 유턴 표지판 아래 글씨가 없으면 상시 유턴 표시입니다. 이때는 유턴하는 반대편 차로로 진행하는 차량이 없을 때 언제든 유턴이 가능합니다.

교차로 가까이 가면 흰색 점선으로 되어 있는 곳에서만 유턴이 가능합니다. 만약 흰색 점선 전후에 있는 황색 실선에 바퀴가 걸쳐서 유턴할 경우, 중앙선 침범으로 실격 처리됩니다.

2 유턴 핸들링 방법

유턴은 반대편 차로로 180도 회전해야 합니다. 속도는 20km 미만으로 완전히 줄인 후 진행을 해야 감점이 되지 않습니다. 속도가 빠르면 감점이나 실격 처리가 될 수도 있습니다.

1) 정치 후 유턴을 하는 경우

브레이크를 다 떼고 천천히 진행하며 핸들을 왼쪽으로 끝까지 꺾습니다.

유턴하면서 반대편 차로에 우회전 차량이 있는지 안전 확인을 합니다. 이때 우회전 차량과 겹칠 것 같으면 안전하게 잠깐 멈추거나 속도를 줄여 우회전 차량을 보낸 후 진행합니다.

회전을 하며 왼쪽 창문 쪽으로 진입해야 할 3차로를 보면서 진행합니다.

3차로가 앞 창문 쪽으로 보이기 시작할 때 핸들을 서서히 풀어줍니다. 이때 핸들은 진행하는 3차로 길을 보면서 풀어주는 게 가장 중요합니다.

주의 유턴하기 전 핸들을 먼저 꺾어놓고 기다리지 말고 유턴 신호가 나왔을 때 진행하면서 핸들을 끝까지 빨리 꺾어야 합니다.

2) 진행하면서 유턴을 하는 경우

유턴 가능한 차량 신호일 경우 20m 전부터 완전히 정지하듯 속도를 줄입니다. 유턴 흰색 점선에 차량이 진입하면 유턴을 시도합니다. 이때 속도가 충분히 줄지 않으면 원심력으로 인해 3차로 진입을 하기 어렵습니다.

> **주의** 유턴은 가장 급한 회전 유형입니다. 속도를 완전히 줄이는 것이 중요하고, 회전 중에도 속도를 너무 높이지 않고 진행해야 합니다.

3 수동 차량의 경우

1) 유턴 지점 20m 전까지 속도를 완전히 줄인 후 기어를 2단으로 변속합니다.
2) 유턴 신호가 나왔을 경우 천천히 클러치를 떼고 유턴을 시도합니다.
3) 유턴 신호가 안 나왔을 경우 그대로 클러치, 브레이크를 밟고 정지합니다.

Unit 21 어린이 보호구역 통과 방법

어린이 보호 구역, 노인 보호 구역, 장애인 보호 구역 등 도로의 각종 보호 구역은 제한 속도가 대부분 30km입니다. 이를 초과할 경우 실격 처리되므로 주의해야 합니다.

어린이 보호 구역 횡단보도 중 신호가 있는 곳도 있고 없는 곳도 있습니다. 신호가 있는 곳은 차량 신호에 따라 통행을 하면 됩니다. 신호가 없는 어린이 보호 구역 횡단보도에서는 보행자가 없어도 일시 정지 후 진행해야 합니다.

시험 코스에 어린이 보호 구역이 있는 곳이라면 제한 속도를 더욱 철저히 지켜야 하고, 주변을 잘 살피며 안전하게 통과해야 합니다.

어린이 보호구역의 기점은 시작점을 뜻하고, 종점은 보호구역의 종료점을 뜻합니다.

Unit 22 비보호 좌회전 통과방법

비보호 좌회전은 교차로에서 별도의 좌회전 신호 없이 신호등에 직진 신호가 점등되면 좌회전까지 허용되는 신호 운영 체계입니다.

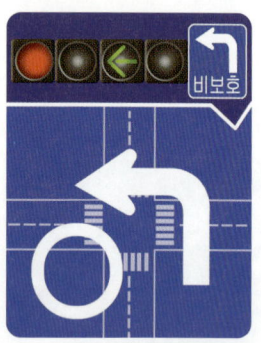

직진(초록불)일 때 좌회전이 가능하지만 차량 신호에 좌회전 신호가 나올 때도 가능합니다.

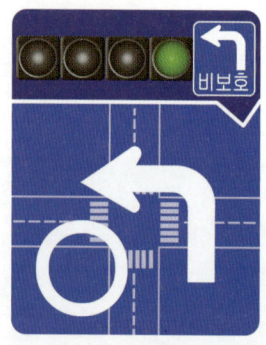

반대편에 차량이 없으면 직진 신호에도 좌회전이 가능합니다.

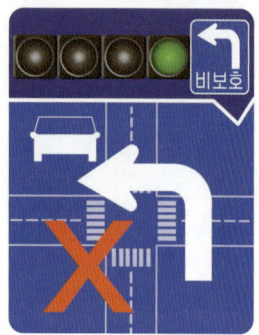

반대편에 차량이 오고 있다면 좌회전하면 안 됩니다.

적색 신호에 좌회전을 하면 신호 위반입니다.

비보호 좌회전은 운전면허를 취득하려는 초보 운전자들에게는 상당히 어려운 회전 방식입니다. 따라서 도로 주행 코스에 비보호 좌회전이 있다면 특별히 주의를 기울여야 합니다.

1 반대편 진행 차량이 많을 경우

무리하게 진행하려 하지 말고, 안전하게 다음 신호를 기다립니다.

2 반대편 진행 차량이 적을 경우

타이밍을 노려 거리가 멀 때 신속하게 좌회전을 시도합니다. 이때 멀리서 오는 차량의 속도를 꼭 확인해야 합니다. 속도가 빠른 차량이라면 무리하지 말고 기다리고, 속도가 느리고 멀 경우에만 진행합니다.

3 횡단 보도에 보행자 신호일 경우

비보호 좌회전 도중 횡단보도 보행자 신호(초록불)가 나와 사람이 건너는 경우가 있습니다. 이때는 교차로 중간 횡단보도 앞에서 보행자가 건너갈 때까지 정지해서 기다려 줍니다. 보행자가 없다면 보행자 신호가 초록불이라도 정지하지 않고 진행합니다.

Unit 23 정체된 도로에서 차로 변경 방법

차량 흐름이 원활하고 비교적 한가한 도로는 차간 거리가 멀어 차로 변경이 편합니다. 하지만 복잡한 도심이나 출퇴근 시간에 시험 시간이 겹친다면 차로 변경이 어려우므로 당황할 수 있습니다. 특히 좌회전이나 우회전, 유턴같이 회전을 해야 하는 경우는 미리 차로를 옮겨야 하므로 방법을 잘 숙지해야 합니다.

1 정체된 도로에서의 차로 변경 방법

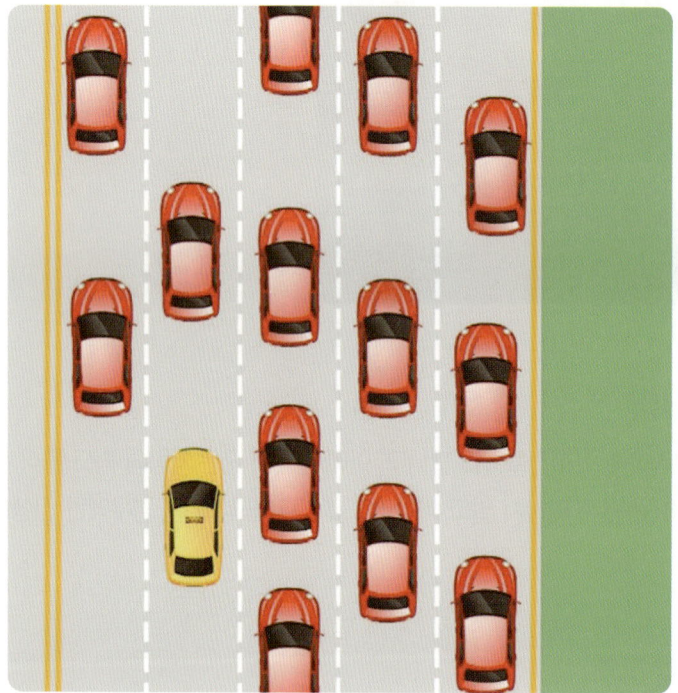

1) 방향지시등을 켜고 사이드 미러를 확인합니다.

2) 들어갈 차로 쪽의 차량들과 속도를 비슷하게 맞춥니다.

3) 들어갈 차로 쪽으로 내 차량을 조금씩 붙여줍니다.

차선 쪽으로 붙이는 방법은 간단합니다. 왼쪽으로 차선 변경을 할 때는 운전자의 몸을 왼쪽 차선 쪽으로 붙인다는 느낌으로 붙여주면 됩니다. 반대로 오른쪽으로 붙여줄 때는 운전자의 몸이 내 차로의 중앙으로 간다는 느낌으로 붙여줍니다.

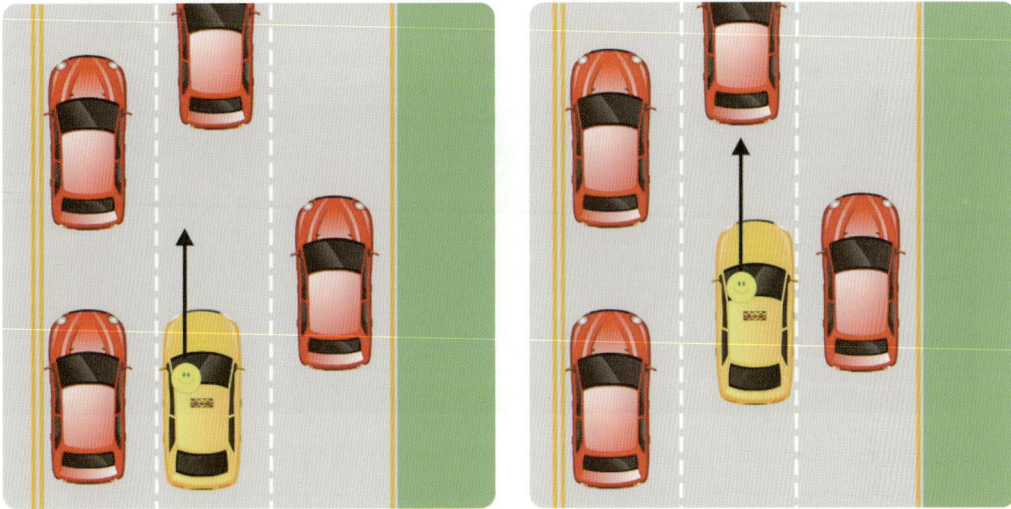

방향지시등을 켠 내 차량을 보면 뒤에 있는 차량들은 차선 변경을 할 것이라는 것을 예상할 수 있습니다.

내 차량의 속도를 옆 차량의 속도와 비슷하게 맞추면서 진행하는 것이 중요합니다.

바로 옆에 있는 차량의 후미를 노려 변경을 시도해야 하는데, 이때 약간의 속도 조절이 중요합니다. 옆 차량의 속도보다 약간 줄인 후, 앞 창문 쪽으로 후미가 보일 때, 사이드 미러상 뒤 차량이 가까이 붙지 않으면 진입을 시도합니다. 핸들은 아주 약간만 틀어서 서서히 옆 차로로 이동을 해야 안전합니다.

차로 변경 시 앞 차량과의 간격을 조금 벌려 주는 것이 좋습니다. 너무 가까이 가다 보면 사이드 미러를 보다 앞 차와 추돌하거나 급브레이크를 밟는 경우가 생깁니다. 또한 사이드 미러상 뒤 차량이 가까이 붙어 온다면 양보를 해주지 않는 상황이므로 다시 그 차를 보내주고 뒤를 노려야 합니다. 무리하게 비집고 들어가려 한다면 사고 유발로 실격 처리될 수 있습니다.

2 시선 처리

복잡한 도로에서 차로 변경 시에는 시선 처리도 매우 중요합니다.

- 앞 차량의 속도와 거리를 관찰합니다.
- 옆 차로의 앞 차량을 보며 옆 차량의 속도를 파악합니다.
- 사이드 미러로 옆 차로의 뒤 차량을 확인합니다.
- 바로 옆 차량과의 속도 조절로 그 뒤를 노립니다.

Unit 24 속도 조절 잘 하는 방법

속도 조절

도로 주행 시험 중 제한 속도를 초과하는 경우 실격 처리가 됩니다. 따라서 속도 조절이 매우 중요한데요, 실제 시험용 차량에는 아래 사진과 같이 전면에 속도가 표시되지 않습니다.

따라서 핸들 안쪽 계기판을 수시로 확인해 줘야 합니다. 계기판에는 RPM 게이지와 속도 게이지가 있습니다. 10단위의 계기판이 속도 게이지입니다.

속도를 조절하기 위해서는 페달 사용을 잘 해야 합니다. 처음 출발부터 계기판을 볼 필요는 없고, 어느 정도 다른 차량과 흐름을 맞춘 후 속도가 빨라진다 느껴질 때 잠깐(1초 정도) 계기판을 보고 내 차량의 속도를 파악합니다.

이때 속도가 느리다면 아주 미세하게 엑셀 페달을 살짝 더 눌러 가속을 하고 가속이 되는 느낌이 들 때 다시 한 번 계기판을 보면 됩니다.

속도가 빠르다고 느껴질 때도 계기판을 잠깐 보면서 제한속도를 넘어갈 것 같으면 밟고 있던 엑셀 페달을 살짝 떼어줍니다.

이때 브레이크까지 굳이 밟지 않아도 됩니다. 엑셀 페달은 가속되는 지점이 있고 유지되는 지점이 있습니다. 그 유지되는 지점을 발의 감각으로 잘 찾는 것이 중요합니다. 유지되는 지점을 찾았다면, 약간의 힘 조절로 가속과 감속 컨트롤을 해주는 것이 가장 좋습니다.

대부분의 차량들은 제한 속도를 잘 지키지 않습니다. 속도 게이지를 확인하지 않고 다른 차량들과 속도를 비슷하게 맞출 경우, 시험에서는 과속에 걸릴 가능성이 크므로 주의해야 합니다.

Unit 25 신호위반 실격 피하는 방법

도로 주행 시험을 보면서 예기치 못한 실격을 당하는 사례가 있습니다. 바로 황색불 신호 위반 실격입니다.

❶ 차량 위치에 따른 황색불 대처 방법

황색불 신호는 초록색 직진에서 좌회전으로 바뀌기 전 2초 정도 잠깐 켜졌다 사라지는 예비 신호입니다. 좌회전 신호에서 빨간불로 바뀔 때도 마찬가지입니다. 그럼 시험에서 황색불은 어떻게 채점이 될까요?

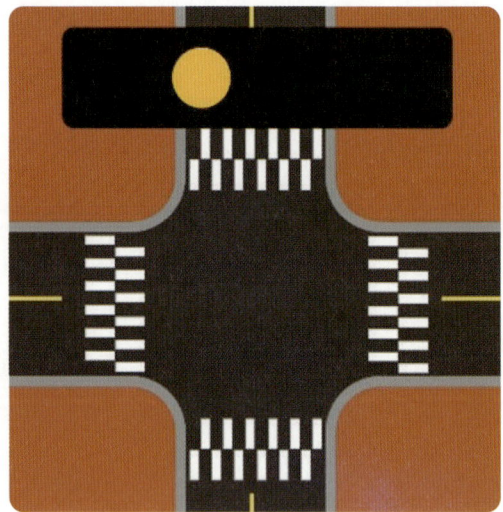

먼저 좌회전이나 직진 신호가 나옵니다. 그 후 다른 신호가 나오는데, 이때 황색불이 잠깐 켜집니다. 이때 차량이 어느 위치에 있는지가 중요합니다.

1) 정지선 전에 황색불이 나오면 무조건 정지합니다.

2) 정지선을 지나 황색불이 나오면 신속히 통과합니다.

속도가 빠른 상태에서 위의 매뉴얼대로 정지하기란 쉽지 않습니다. 정지선 20m 전을 딜레마존이라 하는데, 딜레마존에서 모든 판단을 끝마쳐야 합니다.

> **Q & A**
>
> 속도는 빠르고 정지선 바로 전까지 초록불이라 통과하려는데, 갑자기 정지선 바로 전에 황색불이 나왔을 때 정지해야 할까요? 아니면 그냥 통과할까요?
>
> ➡ 정지해야 합니다. 그렇지 않으면 실격됩니다.

2 딜레마존 판단 방법

1) 딜레마존 10m 전, 엑셀 페달에서 발을 뗍니다.

2) 딜레마존 진입 바로 전까지도 진행 신호라면 무조건 다시 엑셀을 밟아 빠르게 정지선을 넘어갑니다. 정지선을 넘어 황색불이 들어온다면 신호위반이 아닙니다.

3) 딜레마존 진입 전에 황색불이 나온다면 바로 브레이크를 밟아 정지합니다. 여기서 속도가 중요합니다. 내 차량의 속도가 빠른지, 느린지 판단 후 딜레마존의 거리를 더 넓힐지 줄일지를 생각합니다.

그 외, 좌회전이나 유턴은 속도를 미리 줄이고 진행을 하기 때문에 진입 바로 전까지 신호등을 확인하고 진행하면 됩니다.

운전을 오래 한 사람들도 황색불 대처는 항상 어렵습니다. 시험 때는 황색불이나 진행 신호가 갑자기 종료되어 다른 신호로 바뀔 때 실격을 당할 위험이 있으니 주의해야 합니다.

Unit 26 가장 많이 감점되는 항목

도로주행 시험 시, 높은 긴장도 또는 연습 부족 등으로 감점되는 항목들이 있습니다. 감점되기 쉬운 항목들을 미리 숙지하여 감점을 최소화하는 것이 중요합니다.

❶ 긴장으로 인해 감점되기 쉬운 항목

1) 주차브레이크 미 해제

출발 시 긴장해서 주차브레이크를 내리지 않고 출발하려는 분들이 많습니다.

2) 정지 중 기어 미 중립

신호 대기 또는 차량이 밀려 10초 이상 서 있을 것 같으면 기어를 중립에 위치해야 하는데, 긴장해서 놓치는 경우가 많습니다.

2) 30m 전 미 신호

방향지시등은 차로 변경과 교차로 회전에서 꼭 해야 하는 필수 조작입니다. 30m 전부터 켜야 하는데, 긴장으로 인해 안 키는 경우도 있고, 늦게 켜는 경우도 발생합니다. 또한 옆에 차량이 없으면 빨리 들어가고 싶은 마음에 방향지시등을 켜자마자 바로 들어가려는 행동을 보이기도 합니다.

2 연습 부족으로 감점되기 쉬운 항목

1) 급브레이크 사용

운전은 여러 상황에 익숙해져야 하는데 돌발 상황이 발생하면 몸에 힘이 들어가 브레이크를 세게 밟는 경우가 생깁니다.

2) 차로 유지 미숙

겁이 많은 분들이 차로 유지 미숙으로 감점을 받는 경우가 많습니다. 주변 차량이 늘어나면 앞, 옆 차량들이 두려워 왼쪽, 오른쪽으로 본인도 모르게 핸들을 돌려 피하려는 경향이 두드러지기 때문입니다.

> **미남쌤의 One point lesson**
>
> 모든 시험은 심리적 압박감이 따르게 마련입니다. 또한 도로에 처음 나갈 때는 사고의 위험도 생각하지 않을 수 없습니다. 하지만 검정원들 자리에 보조 브레이크가 있으니 너무 두려워하지 말고 침착하게 시험에 임하는 것이 좋습니다.

Unit 27 가장 많이 실격되는 항목

도로주행 중 실격되면 대부분 갓길에 정차시켜 검정원이 운전하여 시험장으로 돌아옵니다. 수험생은 실격 처리가 되면 아쉽고, 흥분한 마음에 사고를 일으킬 수 있기 때문입니다.

1 가장 많이 실격되는 항목

1) 좌석 안전띠 미착용

출발 전에 긴장하여 안전띠를 착용하지 않은 채 출발하려는 응시자들이 있습니다. 안전띠 미착용은 자동채점 방식으로 출발하자마자 바로 실격 처리됩니다.

2) 클러치 조작 미숙으로 인한 3회 이상 엔진 정지

이 항목은 수동 차량에만 해당되지만, 수동 차량 시험 중 가장 많은 실격 요인의 하나입니다. 차량마다 클러치 유격과 느낌이 달라서 실제 시험에서의 차량 특성을 빠르게 인지해야 시동을 꺼트리지 않고 주행할 수 있습니다.

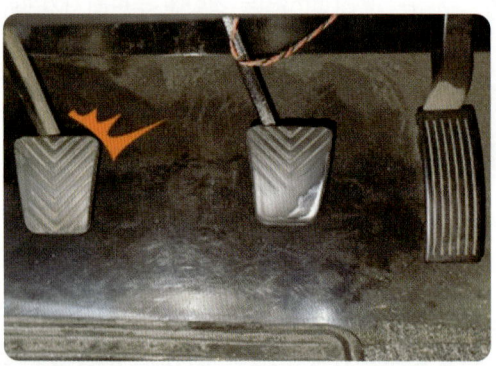

3) 신호 위반

시험 응시생의 친구, 지인, 가족 중 운전 베테랑들은 초보자가 신호 위반으로 실격을 당했다고 하면 매우 황당해 합니다. 처음 운전을 배우는 사람이 신호를 무시했다고 생각하기 때문입니다. 이는 채점 방식을 잘 모르기 때문에 할 수 있는 생각입니다. 실제로 운전을 잘하고 다니다가 음주 운전으로 면허 취소를 당해 면허 재취득을 하는 사람들도 도로주행시험에서 신호 위반으로 실격을 당하는 일들이 빈번합니다. 황색불 신호 위반에 걸려 실격을 맛본 이들은 전부 공감하는 부분입니다.

4) 과속

실제 도로의 대부분의 차량들은 제한 속도를 잘 지키지 않습니다. 이때 시험 응시생들도 주변 차량의 흐름에 맞추다 보면 본인도 모르게 과도하게 엑셀을 밟아 과속 실격을 당할 수 있습니다. 특히 어린이 보호구역에서는 1km만 초과해도 바로 과속으로 실격 처리되므로 매우 조심해야 합니다. 따라서 도로주행 시험에서는 수시로 계기판의 속도계를 확인하면서 제한 속도를 맞춰야 합니다.

Unit 28 집에서 독학으로 연습하는 방법

보조 브레이크 사용

운전은 실제 몸으로 체득하고 익히는 과정이라 연습 없이는 어려울 수 있습니다. 여러 가지 경우의 수를 생각하여 독학으로 연습할 수 있는 방법을 알려드리겠습니다.

1 집에 차량이 있어 도움을 받을 수 있는 경우

1) 장내 기능 시험은 연습면허증이 없기 때문에 도로에서는 연습이 불가능합니다. 물론 주차장이나 공터에서도 불법입니다. 장내 기능 시험은 공식 암기가 중요한 시험이라 본서를 참고하고 운전면허 시험장 또는 주변에 있는 시뮬레이터 연습장을 이용하면 시간제로도 연습이 가능합니다.
2) 도로주행의 경우 연습면허증을 발급해 줍니다. 실제로 2년 이상 무사고인 면허 취득자가 동석을 하면 운전 연습이 가능합니다. 차량이 드문 도로에서부터 천천히 연습하되, 실제 운전면허 시험장 도로주행코스를 연습해 보는 것도 좋습니다.

2 집에 차량이 없고 도움을 줄 지인도 없는 경우

실내 운전연습장을 이용해 보는 것이 좋습니다. 감각이 좋은 사람들은 합리적인 비용만 들이고도 충분히 합격할 수 있습니다.

3 실제 차량으로 안전하게 배우고 싶은 경우

1) 주변 운전전문학원에 등록합니다.
2) 본서의 이론과 영상으로 부족한 부분을 채워나갑니다.
3) 운전전문학원의 짧은 교육시간을 보충하기 위해 집에 차량이 있다면 틈틈이 연습합니다.

4 지인의 도움을 받아 도로주행 연습을 할 경우

1) 지인이나 가족들의 도움을 받아 도로주행을 연습할 경우, 반드시 차량에 주행 연습 표지를 앞창문과 뒤창문에 붙이고 연습해야 합니다.

2) 보조 미러를 설치합니다. 실제 운전학원 도로주행 연습 차량에도 보조 미러를 설치하고 교육을 시행합니다. 보조 미러를 통해 차로 변경 또는 위험 상황 발생 시 바로 학인이 가능합니다.

3) 보조 브레이크를 장착합니다. 조수석에 보조 브레이크를 장착하면 혹시 위험한 상황이 발생하더라도 조수석에서 브레이크를 잡아 안전하게 방어할 수 있습니다.

Unit 29 도로주행 시험 시 준비 사항

실전 도로주행

도로주행 시험은 운전면허 취득 과정 중 가장 마지막 과정으로, 안전운전이 제일 중요합니다. 물론 법규 준수와 원활한 차량 기기 조작도 중요한 부분 중 하나입니다. 아래 내용을 잘 숙지하여 합격의 기쁨을 맛보시기 바랍니다.

❶ 4개의 시험 코스를 완벽하게 숙지해야 합니다.

도로주행 시험은 운전능력을 테스트하는 것보다, 사실상 코스를 전부 외워서 해당 코스를 제대로 갈 수 있는지를 테스트하는 것입니다. 따라서 내비게이션 음성을 듣고 길을 찾아가려 하지 말고, 무조건 코스를 달달 외워야 합니다. 어디서 차로 변경을 하는지, 지형지물을 보고 어디서 유턴이나 좌회전, 우회전을 해야 하는지 사전에 철저히 익혀 두어야 합니다.

❷ 감점 항목을 완전히 숙지해야 합니다.

감점 항목을 잘 모른 채 시험에 응시하게 되면, 운전을 잘하는 사람들도 떨어지는 것이 시험입니다. 따라서 사전에 감점 항목들을 잘 기억해 두는 것이 중요합니다.

3 시험방법에 대해 잘 알아야 합니다.

시험 시 차량 탑승 인원은 총 3명으로, 검정원과 수험생 두 명이 차량에 탑승합니다. 수험생 한 명은 운전석에 앉아 시험을 보고 다른 한 명은 뒷자리에 탑승해서 참관을 합니다. 참관의 의미는 두 가지입니다. 시험 진행을 미리 보는 것과 부정행위를 방지하기 위한 것입니다.

4 긴장도를 낮춰야 합니다.

면허 취득도 국가고시란 말이 있습니다. 도로주행은 잘못하면 사고를 일으킬 수 있는 실기 시험이라 더더욱 긴장이 될 것입니다. 마음을 차분히 가라앉히고, 안전하게 코스 한 바퀴만 돌고 무사히 돌아오겠다는 마음가짐이 중요합니다.

5 실력만으로는 합격을 할 수 없습니다.

도로주행 시험은 학과와 장내 기능시험에 비해 운이 많이 작용합니다. 친절하고 감점을 잘 안 하는 검정원을 만나는 것도 운이고, 쉬운 시험 코스가 걸리는 것도 운입니다. 그 밖에 적은 교통량, 딱딱 떨어지는 신호 모두 운이 좋아야 가능합니다. 이런 행운들이 따라주면 합격할 가능성도 높아집니다. 따라서 떨어진다 하더라도, 다음에 또 응시하면 된다는 가벼운 마음가짐으로 시험에 응하면 오히려 더 좋은 결과가 기다리고 있을 것입니다.

Unit 30 도로주행 시험 후 해야 할 일

도로주행 시험이 끝나면 바로 합격 여부를 알 수 있습니다.

1 합격했을 경우

바로 본관으로 가서 증명사진 1장만 제출하면 10분 이내에 면허증을 발급받을 수 있습니다. 요즘은 영문 면허증으로 발급받으면 해외에서도 사용이 가능합니다.

면허증 발급을 받았다면 바로 운전을 할 수 있습니다. 하지만 혼자서 바로 도로 운전을 하는 것보다는 연수를 받고 시작하는 것이 좋겠지요. 참고로 면허증 취득 후 바로 공유 차량(렌터카)을 운전하려는 분들이 있는데, 공유 차량 운전은 면허 취득 후 1년이 경과되어야 가능합니다.

2 불합격의 경우

바로 시험장 본관으로 가서 다음 시험 접수를 할 수도 있고, 집에서 인터넷 접수도 가능합니다. 자신이 무엇이 부족했는지, 되돌아보고 다음 시험을 완벽하게 준비합시다. 본서와 동영상을 반복해서 보고 머리속으로 시뮬레이션을 여러 번 해보는 것이 중요합니다.

미남쌤의 특별수업

1종 자동 장내기능 시험

1종 자동 도로주행 시험

📢 자동변속기 1종 보통면허

2024년 10월 20일부터 '자동변속기 1종 보통면허'가 신설됩니다. 기존 1종 보통 시험은 클러치 사용이라는 큰 허들 때문에 상대적으로 어렵게 느껴졌는데요, 24년 10월부터 1종도 자동이 신설되어 1종 면허 획득이 쉬워졌습니다. 또한 2종 자동 7년 무사고 시 1종 자동으로 자동 승급 가능하니 많은 운전자들에게 좋은 기회가 될 수 있을 것 같습니다. 1종 자동 면허 획득 시, 승차 정원 15명 이하의 승합자동차를 운전할 수 있게 되어 운전할 수 있는 차량의 범위가 훨씬 커집니다.

여러분은 앞에서 이미 자동과 수동의 운전 방법을 자세하게 배우셨습니다. 1종 자동은 앞 부분이 짧아 시야 확보가 쉬운 트럭의 장점과 클러치 조작이 필요 없는 자동의 장점을 결합하여 더 쉽게 합격할 수 있을 것이라 생각합니다. 여전히 직업 상 1종 수동 면허가 필요하신 분들 또한 본서를 열심히 공부하시면 충분히 합격하실 수 있습니다.

24년 10월에 신설되는 1종 자동 면허 취득을 위한 분들을 위해, 직접 시뮬레이션한 영상을 자세한 설명과 함께 제공해 드리니, 참고하시면 좋겠습니다. 만약 이해가 안 되는 부분이 있다면 앞으로 돌아가 복습하셔도 좋겠습니다.

이번 1종 자동 면허가 신설되면서 더욱 많은 분들이 운전면허 시험에 쉽게 합격할 수 있게 되기를 바랍니다.

S 시원스쿨닷컴

운전면허 특별부록

학과시험 모의고사 2회분

도로교통공단 저

시원스쿨닷컴

1회 운전면허 기출 유형 문제

문장형 4지 1답 문제 [2점]

01
도로교통법령상 운전면허증 발급에 대한 설명으로 옳지 않은 것은?

① 운전면허시험 합격일로부터 30일 이내에 운전면허증을 발급받아야 한다.
② 영문운전면허증을 발급받을 수 없다
③ 모바일운전면허증을 발급받을 수 있다.
④ 운전면허증을 잃어버린 경우에는 재발급 받을 수 있다.

해설
도로교통법시행규칙 제77조~제81조

02
도로교통법상 승차정원 15인승의 긴급 승합자동차를 처음 운전하려고 할 때 필요한 조건으로 맞는 것은?

① 제1종 보통면허, 교통안전교육 3시간
② 제1종 특수면허(대형견인차), 교통안전교육 2시간
③ 제1종 특수면허(구난차), 교통안전교육 2시간
④ 제2종 보통면허, 교통안전교육 3시간

해설
도로교통법 시행규칙 별표18
승차정원 15인승의 승합자동차는 1종 대형면허 또는 1종 보통면허가 필요하고 긴급자동차 업무에 종사하는 사람은 도로교통법 시행령 제38조의2 제2항에 따른 신규(3시간) 및 정기교통안전교육(2시간)을 받아야 한다.

03
도로교통법상 운전면허의 조건 부과기준 중 운전면허증 기재방법으로 바르지 않은 것은?

① A: 수동변속기
② E: 청각장애인 표지 및 볼록거울
③ G: 특수제작 및 승인차
④ H: 우측 방향지시기

해설
도로교통법 시행규칙 제54조(운전면허의 조건 등) 제3항에 의거, 운전면허 조건의 부과기준은 별표20
A는 자동변속기, B는 의수, C는 의족, D는 보청기, E는 청각장애인 표지 및 볼록거울, F는 수동제동기·가속기, G는 특수제작 및 승인차, H는 우측 방향지시기, I는 왼쪽 엑셀레이터이며, 신체장애인이 운전면허시험에 응시할 때 조건에 맞는 차량으로 시험에 응시 및 합격해야 하며, 합격 후 해당 조건에 맞는 면허증 발급

04
다음 중 제2종 보통면허를 취득할 수 있는 사람은?

① 한쪽 눈은 보지 못하나 다른 쪽 눈의 시력이 0.5인 사람
② 붉은색, 녹색, 노란색의 색채 식별이 불가능한 사람
③ 17세인 사람
④ 듣지 못하는 사람

해설
도로교통법 시행령 제45조 제1항 제1호 나목에 따라 제2종 운전면허는 18세 이상으로, 두 눈을 동시에 뜨고 잰 시력이 0.5 이상 (다만, 한쪽 눈을 보지 못하는 사람은 다른 쪽 눈의 시력이 0.6 이상이어야 한다.)의 시력이 있어야 한다. 또한 붉은색, 녹색 및 노란색의 색채 식별이 가능해야 하나 듣지 못해도 취득이 가능하다.

05
도로교통법상 연습 운전면허의 유효 기간은?

① 받은 날부터 6개월
② 받은 날부터 1년
③ 받은 날부터 2년
④ 받은 날부터 3년

해설
도로교통법 제81조에 따라 연습 운전면허는 그 면허를 받은 날부터 1년 동안 효력을 가진다.

06
다음 중 도로교통법상 제1종 대형면허 시험에 응시할 수 있는 기준은? (이륜자동차 운전경력은 제외)

① 자동차의 운전경력이 6개월 이상이면서 18세인 사람
② 자동차의 운전경력이 1년 이상이면서 18세인 사람
③ 자동차의 운전경력이 6개월 이상이면서 19세인 사람
④ 자동차의 운전경력이 1년 이상이면서 19세인 사람

정답 | 01 ② 02 ① 03 ① 04 ④ 05 ② 06 ④

> **해설**
> 도로교통법 제82조 제1항 제6호에 따라 제1종 대형면허는 19세 미만이거나 자동차(이륜자동차는 제외한다)의 운전 경력이 1년 미만인 사람은 받을 수 없다.

> **해설**
> 도로교통법 제13조의2 제6항
> 자전거 등의 운전자가 횡단보도를 이용하여 도로를 횡단할 때에는 자전거 등에서 내려서 자전거 등을 끌거나 들고 보행하여야 한다.

07

도로주행시험에 불합격한 사람은 불합격한 날부터 (   )이 지난 후에 다시 도로주행시험에 응시할 수 있다. (   )에 기준으로 맞는 것은?

① 1일   ② 3일   ③ 5일   ④ 7일

> **해설**
> 도로교통법 시행령 제49조 제4항에 따라 도로주행시험에 불합격한 사람은 불합격한 날부터 3일이 지난 후에 다시 도로주행시험에 응시할 수 있다.

08

원동기장치자전거 중 개인형 이동장치의 정의에 대한 설명으로 바르지 않은 것은?

① 오르막 각도가 25도 미만이어야 한다.
② 차체 중량이 30킬로그램 미만이어야 한다.
③ 자전거 등이란 자전거와 개인형 이동장치를 말한다.
④ 시속 25킬로미터 이상으로 운행할 경우 전동기가 작동하지 않아야 한다.

> **해설**
> 도로교통법 제2조 제19호2, 자전거 이용 활성화에 관한 법률 제3조 제1호
> "개인형 이동장치"란 제19호 나목의 원동기장치자전거 중 시속 25킬로미터 이상으로 운행할 경우 전동기가 작동하지 아니하고 차체 중량이 30킬로그램 미만인 것으로서 행정안전부령으로 정하는 것을 말하며, 등판각도는 규정되어 있지 않다

09

도로교통법상 개인형 이동장치와 관련된 내용으로 맞는 것은?

① 승차정원을 초과하여 운전할 수 있다.
② 운전면허를 반납한 65세 이상인 사람이 운전할 수 있다.
③ 13세 이상인 사람이 운전면허 취득 없이 운전할 수 있다.
④ 횡단보도에서 개인형 이동장치를 끌거나 들고 횡단할 수 있다.

10

다음은 도로교통법령상 운전면허증을 발급 받으려는 사람의 본인여부 확인 절차에 대한 설명이다. 틀린 것은?

① 주민등록증을 분실한 경우 주민등록증 발급 신청 확인서로 가능하다.
② 신분증명서 또는 지문정보로 본인여부를 확인할 수 없으면 시험에 응시할 수 없다.
③ 신청인의 동의 없이 전자적 방법으로 지문정보를 대조하여 확인할 수 있다.
④ 본인여부 확인을 거부하는 경우 운전면허증 발급을 거부할 수 있다.

> **해설**
> 도로교통법 제87조의2, 도로교통법시행규칙 제57조(운전면허시험응시)
> 신분증명서를 제시하지 못하는 사람은 신청인이 원하는 경우 전자적 방법으로 지문정보를 대조하여 본인 확인할 수 있다.

11

다음 중 총중량 1.5톤 피견인 승용자동차를 4.5톤 화물자동차로 견인하는 경우 필요한 운전면허에 해당하지 않는 것은?

① 제1종 대형면허 및 소형견인차면허
② 제1종 보통면허 및 대형견인차면허
③ 제1종 보통면허 및 소형견인차면허
④ 제2종 보통면허 및 대형견인차면허

> **해설**
> 도로교통법 시행규칙 별표18 총중량 750킬로그램을 초과하는 3톤 이하의 피견인 자동차를 견인하기 위해서는 견인하는 자동차를 운전할 수 있는 면허와 소형견인차면허 또는 대형견인차면허를 가지고 있어야 한다.

12

도로교통법상 교통법규 위반으로 운전면허 효력 정지처분을 받을 가능성이 있는 사람이 특별 교통안전 권장교육을 받고자 하는 경우 누구에게 신청하여야 하는가? (음주운전 제외)

① 한국도로교통공단 이사장
② 주소지 지방자치단체장
③ 운전면허 시험장장
④ 시·도경찰청장

정답 | 07 ② 08 ① 09 ④ 10 ③ 11 ④ 12 ④

해설

도로교통법 제73조(교통안전교육)제3항
다음 각 호의 어느 하나에 해당하는 사람이 시·도경찰청장에게 신청하는 경우에는 대통령령으로 정하는 바에 따라 특별교통안전 권장교육을 받을 수 있다. 이 경우 권장교육을 받기 전 1년 이내에 해당 교육을 받지 아니한 사람에 한정한다. 1. 교통법규 위반 등 제2항 제2호 및 제4호에 따른 사유 외의 사유로 인하여 운전면허 효력 정지처분을 받게되거나 받은 사람 2. 교통법규 위반 등으로 인하여 운전면허 효력 정지처분을 받을 가능성이 있는 사람 3. 제2항 제2호부터 제4호까지에 해당하여 제2항에 따른 특별 교통안전 의무교육을 받은 사람 4. 운전면허를 받은 사람 중 교육을 받으려는 날에 65세 이상인 사람

13

제1종 운전면허를 발급받은 65세 이상 75세 미만인 사람(한쪽 눈만 보지 못하는 사람은 제외)은 몇 년마다 정기 적성검사를 받아야 하나?

① 3년마다
② 5년마다
③ 10년마다
④ 15년마다

해설

도로교통법 87조 제1항 제1호
제1종 운전면허를 발급받은 65세 이상 75세 미만인 사람은 5년마다 정기 적성검사를 받아야 한다. 다만 한쪽 눈만 보지 못하는 사람으로서 제1종 면허 중 보통면허를 취득한 사람은 3년이다

14

다음 중 고압가스안전관리법령상 수소자동차 운전자의 안전교육(특별교육)에 대한 설명 중 잘못된 것은?

① 수소승용자동차 운전자는 특별교육 대상이 아니다.
② 수소대형승합자동차(승차정원 36인승 이상) 신규 종사하려는 운전자는 특별교육 대상이다.
③ 수소자동차 운전자 특별교육은 한국가스안전공사에서 실시한다
④ 여객자동차운수사업법에 따른 대여사업용자동차를 임차하여 운전하는 운전자도 특별교육 대상이다.

해설

고압가스안전관리법 시행규칙 제51조(안전교육), 별표31에 따라 수소가스사용자동차 중 자동차관리법 시행규칙 별표1 제1호에 따른 대형승합자동차 운전자로 신규 종사하려는 경우에는 특별교육을 이수하여야 한다. 여객자동차운수사업에 따른 대여사업용자동차 종류는 승용자동차, 경형·소형·중형 승합자동차, 캠핑자동차이다.

15

도로교통법령상 제2종 보통면허로 운전할 수 없는 차는?

① 구난자동차
② 승차정원 10인 미만의 승합자동차
③ 승용자동차
④ 적재중량 2.5톤의 화물자동차

해설

도로교통법 시행규칙 별표18(운전할 수 있는 차의 종류)

16

다음 중 도로교통법령상 운전면허증 갱신발급이나 정기 적성검사의 연기 사유가 아닌 것은?

① 해외 체류 중인 경우
② 질병으로 인하여 거동이 불가능한 경우
③ 군인사법에 따른 육·해·공군 부사관 이상의 간부로 복무중인 경우
④ 재해 또는 재난을 당한 경우

해설

도로교통법 시행령 제55조 제1항
1. 해외에 체류 중인 경우 2. 재해 또는 재난을 당한 경우 3. 질병이나 부상으로 인하여 거동이 불가능한 경우 4. 법령에 따라 신체의 자유를 구속당한 경우 5. 군 복무 중(「병역법」에 따라 교정시설경비교도·의무경찰 또는 의무소방원으로 전환 복무 중인 경우를 포함하고, 사병으로 한정한다)인 경우 6. 그 밖에 사회통념상 부득이하다고 인정할 만한 상당한 이유가 있는 경우

17

다음 수소자동차 운전자 중 고압가스관리법령상 특별교육 대상으로 맞는 것은?

① 수소승용자동차 운전자
② 수소대형승합자동차(승차정원 36인승 이상) 운전자
③ 수소화물자동차 운전자
④ 수소특수자동차 운전자

해설

고압가스안전관리법 시행규칙 제 51조 1제 1항 별표 31

정답 | 13 ② 14 ④ 15 ① 16 ③ 17 ②

18
운전자가 가짜 석유제품임을 알면서 차량 연료로 사용할 경우 처벌 기준은?

① 과태료 5만원 ~ 10만원
② 과태료 50만원 ~ 1백만원
③ 과태료 2백만원 ~ 2천만원
④ 처벌되지 않는다.

> **해설**
> 석유 및 석유대체연료 사업법 시행령 별표6 과태료 시행기준 가짜 석유제품을 알면서 차량 연료로 사용할 경우 사용량에 따라 2백만 원에서 2천만 원까지 과태료가 부과될 수 있다.

문장형 4지 2답 문제 [3점]

19
전기자동차 관리방법으로 옳지 않은 2가지는?

① 비상업용 승용차의 자동차 검사 유효기간은 6년이다.
② 장거리 운전 시에는 사전에 배터리를 확인하고 충전한다.
③ 충전 직후에는 급가속, 급정지를 하지 않는 것이 좋다.
④ 열선시트, 열선핸들보다 공기 히터를 사용하는 것이 효율적이다.

> **해설**
> ① 신조차를 제외하고 비사업용 승용자동차의 자동차검사 유효기간은 2년이다(자동차관리법 시행규칙 별표15의 2). ④ 내연기관이 없는 전기자동차의 경우, 히터 작동에 많은 전기에너지를 사용한다. 따라서 열선시트, 열선핸들을 사용하는 것이 좋다. ② 배터리 잔량과 이동거리를 고려하여 주행 중 방전되지 않도록 한다. ③ 충전 직후에는 배터리 온도가 상승한다. 이때 급가속, 급정지의 경우 전기에너지를 많이 소모하므로 배터리 효율을 저하시킨다

20
자동차관리법상 자동차의 종류로 맞는 2가지는?

① 건설기계
② 화물자동차
③ 경운기
④ 특수자동차

> **해설**
> 자동차관리법상 자동차는 승용자동차, 승합자동차, 화물자동차, 특수자동차, 이륜자동차가 있다.

21
운전자 준수 사항으로 맞는 것 2가지는?

① 어린이 교통사고 위험이 있을 때에는 일시 정지한다.
② 물이 고인 곳을 지날 때는 다른 사람에게 피해를 주지 않기 위해 감속한다.
③ 자동차 유리창의 밝기를 규제하지 않으므로 짙은 틴팅(선팅)을 한다.
④ 보행자가 전방 횡단보도를 통행하고 있을 때에는 서행한다.

> **해설**
> 도로에서 어린이교통사고 위험이 있는 것을 발견한 경우 일시정지를 하여야 한다. 또한 보행자가 횡단보도를 통과하고 있을 때에는 일시정지하여야 하며, 안전지대에 보행자가 있는 경우에는 안전한 거리를 두고 서행하여야 한다.

안전표지형 4지 1답 문제 [2점]

22
다음의 횡단보도 표지가 설치되는 장소로 가장 알맞은 곳은?

① 포장도로의 교차로에 신호기가 있을 때
② 포장도로의 단일로에 신호기가 있을 때
③ 보행자의 횡단이 금지되는 곳
④ 신호가 없는 포장도로의 교차로나 단일로

> **해설**
> 도로교통법 시행규칙 별표 6, 132.횡단보도표지

정답 | 18 ③ 19 ①, ④ 20 ②, ④ 21 ①, ② 22 ④

23

다음 안전표지에 대한 설명으로 맞는 것은?

① 유치원 통원로이므로 자동차가 통행할 수 없음을 나타낸다.
② 어린이 또는 유아의 통행로나 횡단보도가 있음을 알린다.
③ 학교의 출입구로부터 2킬로미터 이후 구역에 설치한다.
④ 어린이 또는 유아가 도로를 횡단할 수 없음을 알린다.

> **해설**
> 도로교통법 시행규칙 별표 6. 133.
> 어린이보호표지 어린이 또는 유아의 통행로나 횡단보도가 있음을 알리는 것, 학교, 유치원 등의 통학, 통원로 및 어린이놀이터가 부근에 있음을 알리는 것

25

다음 안전표지가 있는 경우 안전 운전방법은?

① 도로 중앙에 장애물이 있으므로 우측 방향으로 주의하면서 통행한다.
② 중앙 분리대가 시작되므로 주의하면서 통행한다.
③ 중앙 분리대가 끝나는 지점이므로 주의하면서 통행한다.
④ 터널이 있으므로 전조등을 켜고 주의하면서 통행한다.

> **해설**
> 도로교통법 시행규칙 별표 6. 121.
> 우측방향통행표지 도로의 우측방향으로 통행하여야 할 지점이 있음을 알리는 것

24

다음 안전표지가 뜻하는 것은?

① 노면이 고르지 못함을 알리는 것
② 터널이 있음을 알리는 것
③ 과속방지턱이 있음을 알리는 것
④ 미끄러운 도로가 있음을 알리는 것

> **해설**
> 도로교통법 시행규칙 별표 6. 129.
> 과속방지턱, 고원식 횡단보도, 고원식 교차로가 있음을 알리는 것

사진형 **4지 2답** 문제 [3점]

26

소형 회전교차로에서 부득이 회전중인 차량에 주의하며 중앙 교통섬을 이용할 수 있는 차의 종류 2가지는?

① 좌회전하는 승용자동차
② 대형 긴급자동차
③ 대형 트럭
④ 오토바이 등 이륜자동차
⑤ 자전거

정답 | 23 ② 24 ③ 25 ① 26 ②, ③

> **해설**
> 소형 회전교차로에서의 중앙 교통섬은 회전반경이 부족한 대형 차량(긴급자동차, 트럭 등)은 중앙 교통섬을 이용하여 통행할 수 있다. (국토교통부령 회전교차로 설계지침 4.3.5)

27
다음 상황에서 가장 안전한 운전 방법 2가지는?

① 정지선 직전에 일시정지하여 전방 차량 신호와 보행자 안전을 확인한 후 진행 한다.
② 경음기를 울려 보행자가 빨리 횡단하도록 한다.
③ 서행하면서 보행자와 충돌하지 않도록 보행자를 피해 나간다.
④ 신호기가 없으면 주행하던 속도 그대로 진행한다.
⑤ 횡단보도 부근에서 무단 횡단하는 보행자에 대비한다

> **해설**
> 도로교통법 제27조 참조
> 모든 차의 운전자는 보행자가 횡단보도를 통행하고 있는 때에는 그 횡단보도 앞(정지선이 설치되어 있는 곳에서는 그 정지선을 말한다.)에서 일시정지하여 보행자의 횡단을 방해하거나 위험을 주어서는 아니된다.

28
교차로를 통과 하던 중 차량 신호가 녹색에서 황색으로 변경된 경우 가장 안전한 운전 방법 2가지는?

① 교차로 밖으로 신속하게 빠져나가야 한다.
② 즉시 정지하여야 한다.
③ 서행하면서 진행하여야 한다.
④ 일시정지 후 진행하여야 한다.
⑤ 주위를 살피며 신속히 진행하여야 한다

> **해설**
> 도로교통법 시행규칙 [별표2]
> 이미 교차로에 차마의 일부라도 진입하고 있는 경우에는 신속히 교차로 밖으로 진행하여야 한다.

29
다음 상황에서 가장 안전한 운전 방법 2가지는?

① 전방 도로에 설치된 노면표시는 횡단보도가 있음을 알리는 것이므로 속도를 줄여 진행한다.
② 전방에 설치된 노면표시는 신호등이 있음을 알리는 것이므로 속도를 줄여 진행한다.
③ 속도 규제가 없으므로 매시 90킬로미터 정도의 속도로 진행한다.
④ 전방 우측 버스 정류장에 사람이 있으므로 주의하며 진행한다.
⑤ 좌측으로 급차로 변경하여 진행한다.

정답 | 27 ①, ⑤ 28 ①, ⑤ 29 ②, ④

> **해설**
> 전방에 횡단보도 예고 표시가 있으므로 감속하고, 우측에 보행자가 서 있으므로 우측보행자를 주의하면서 진행하여야 한다.

30
황색등화가 켜진 교차로를 통과하려 한다. 가장 안전한 운전 방법 2가지는?

① 어린이 보호 안전표지가 있으므로 특히 주의한다.
② 경음기를 울리면서 횡단보도 내에 정지한다.
③ 속도를 높여 신속히 통과한다.
④ 정지선 직전에서 정지한다.
⑤ 서행하며 빠져나간다

> **해설**
> 전방에 횡단보도가 있고 차량신호가 황색등화이므로 감속하여 교차로 정지선 앞에 정지한다.

31
화물차를 뒤따라가는 중이다. 충분한 안전거리를 두고 운전해야 하는 이유 2가지는?

① 전방 시야를 확보하는 것이 위험에 대비할 수 있기 때문에
② 화물차에 실린 적재물이 떨어질 수 있으므로
③ 뒤 차량이 앞지르기하는 것을 방해할 수 있으므로
④ 신호가 바뀔 경우 교통 흐름에 따라 신속히 빠져나갈 수 있기 때문에
⑤ 화물차의 뒤를 따라 주행하면 안전하기 때문에

> **해설**
> 화물차 뒤를 따라갈 경우 충분한 안전거리를 유지해야만 전방 시야를 넓게 확보할 수 있다. 이것은 운전자에게 전방을 보다 넓게 확인할 수 있고 어떠한 위험에도 대처할 수 있도록 도와준다.

일러스트형 5지 2답 문제 [3점]

32
다음 상황에서 가장 안전한 운전방법 2가지는?

» 자전거 탄 사람이 차도에 진입한 상태 » 전방 차의 녹색등화
» 진행속도 시속 40킬로미터

① 자전거 운전자에게 상향등으로 경고하며 빠르게 통과한다.
② 자전거 운전자가 무단 횡단할 가능성이 있으므로 주의하며 서행으로 통과한다.
③ 자전거는 차이므로 현재 그 자리에 멈춰있을 것으로 예측하며 교차로를 통과한다.
④ 자전거 운전자가 위험한 행동을 하지 못하도록 경음기를 반복 사용하며 신속히 통과한다.
⑤ 자전거 운전자가 차도 위에 있으므로 옆쪽으로도 안전한 거리를 확보할 수 있도록 통행한다.

정답 | 30 ①, ④ 31 ①, ② 32 ②, ⑤

> **해설**
>
> 위험예측.
> 도로교통법에 따라 그대로 진행하는 것은 위반이라고 할 수 없다. 그러나 문제의 상황에서는 교차로를 통행하는 차마가 없기 때문에 자전거 운전자는 다른 차의 진입을 예측하지 않고 무단횡단할 가능성이 높다. 또 무단횡단을 하지 않는다고 하여도 교차로를 통과한 지점의 자전거는 2차로 쪽에 위치하고 있으므로 교차로를 통과하는 운전자는 그 자전거와의 옆쪽으로도 안전한 공간을 만들며 서행으로 통행하는 것이 안전한 운전방법이라고 할 수 있다.

33

다음 상황에서 교차로를 통과하려는 경우 예상되는 위험 2가지는?

▶▶ 교각이 설치되어있는 도로 ▶▶ 정지해있던 차량들이 녹색신호에 따라 출발하려는 상황 ▶▶ 3지 신호교차로

① 3차로의 하얀색 차량이 우회전 할 수 있다.
② 2차로의 하얀색 차량이 1차로 쪽으로 급차로 변경할 수 있다.
③ 교각으로 부터 무단횡단 하는 보행자가 나타날 수 있다.
④ 횡단보도를 뒤 늦게 건너려는 보행자를 위해 일시정지 한다.
⑤ 뒤차가 내 앞으로 앞지르기를 할 수 있다.

> **해설**
>
> 도로에 교각이 설치된 환경으로 교각 좌우측에서 진입하는 이륜차와 보행자 등 위험을 예측하며 운전해야 한다.

34

다음 상황에서 직진할 때 가장 안전한 운전방법 2가지는?

▶▶ 1, 2차로에서 나란히 주행하는 승용차와 택시 ▶▶ 택시 뒤를 주행하는 내 차 ▶▶ 보도에서 손을 흔드는 보행자

① 1차로의 승용차가 내 차량 진행 방향으로 급차로 변경할 수 있으므로 앞차와의 간격을 좁힌다.
② 택시가 손님을 태우기 위하여 급정지할 수도 있으므로 일정한 거리를 유지한다.
③ 승용차와 택시 때문에 전방 상황이 잘 안 보이므로 1, 2차로 중간에 걸쳐서 주행한다.
④ 택시가 손님을 태우기 위해 정차가 예상되므로 신속히 1차로로 급차로 변경한다.
⑤ 택시가 우회전하기 위하여 감속할 수도 있으므로 미리 속도를 감속하여 뒤따른다.

> **해설**
>
> 택시는 손님을 태우기 위하여 급정지 또는 차로 상에 정차하는 경우가 있으므로 뒤따를 때에는 이를 예상하고 방어 운전을 하는 것이 바람직하다.

35

다음 교차로를 우회전하려고 한다. 가장 안전한 운전방법 2가지는?

▶▶ 전방 차량 신호는 녹색 신호 ▶▶ 버스에서 하차한 사람들

정답 | 33 ②, ③ 34 ②, ⑤ 35 ①, ④

① 버스 승객들이 하차 중이므로 일시정지 한다.
② 버스로 인해 전방 상황을 확인할 수 없으므로 시야 확보를 위해서 신속히 우회전한다.
③ 버스가 갑자기 출발할 수 있으므로 중앙선을 넘어 우회전한다.
④ 버스에서 하차한 사람들이 버스 앞쪽으로 갑자기 횡단할 수도 있으므로 주의한다.
⑤ 버스에서 하차한 사람들이 버스 뒤쪽으로 횡단을 할 수 있으므로 반대 차로를 이용하여 우회전한다.

> **해설**
> 우회전하는 경우 정차 차량으로 인하여 전방 상황이 확인되지 않은 채 우회전하면 횡단하는 보행자와의 사고로 이어진다. 또한 정차 중인 승합차 옆을 통과할 때는 무단 횡단하는 보행자가 있는지 확인한 후 진행하여야 하고 편도 1차로의 황색 실선이 설치된 도로에서는 앞지르기를 해서는 안 된다.

36
황색 점멸등이 설치된 교차로에서 우회전하려 할 때 가장 위험 한 요인 2가지는?

▶ 전방에서 좌회전 시도하는 화물차 ▶ 우측 도로에서 우회전 시도하는 승용차 ▶ 좌회전 대기 중인 승용차 ▶ 2차로를 주행 중인 내 차 ▶ 3차로를 진행하는 이륜차 ▶ 후사경 속의 멀리 뒤따르는 승용차

① 전방 반대 차로에서 좌회전을 시도하는 화물차
② 우측 도로에서 우회전을 시도하는 승용차
③ 좌회전 대기 중인 승용차
④ 후사경 속 승용차
⑤ 3차로 진행 중인 이륜차

> **해설**
> 우회전 시는 미리 도로의 우측으로 이동하여야 하며 차로 변경 제한선 내에 진입하였을 때는 차로 변경을 하면 안 된다.

37
직진 중 전방 차량 신호가 녹색신호에서 황색신호로 바뀌었다. 가장 위험한 상황 2가지는?

▶ 우측 도로에 신호 대기 중인 승용차 ▶ 후사경 속의 바짝 뒤따르는 택시 ▶ 2차로에 주행 중인 승용차

① 급제동 시 뒤차가 내 차를 추돌할 위험이 있다.
② 뒤차를 의식하다가 내 차가 신호 위반 사고를 일으킬 위험이 있다.
③ 뒤차가 앞지르기를 할 위험이 있다.
④ 우측 차가 내 차 뒤로 끼어들기를 할 위험이 있다.
⑤ 우측 도로에서 신호 대기 중인 차가 갑자기 유턴할 위험이 있다

> **해설**
> 교차로 부근에서 신호가 바뀌는 경우 안전거리를 유지하지 않아 후속 차량이 추돌 사고를 야기할 우려가 매우 높으므로 브레이크 페달을 살짝 밟거나 비상등을 켜 차가 스스로 안전거리를 유지할 수 있도록 유도한다.

38
다음 상황에서 가장 안전한 운전방법 2가지는?

▶ 아파트(APT) 단지 주차장 입구 접근 중
① 차의 통행에 방해되지 않도록 지속적으로 경음기를 사용한다.
② B는 차의 왼쪽으로 통행할 것으로 예상하여 그대로 주행한다.
③ B의 횡단에 방해되지 않도록 횡단이 끝날 때까지 정지한다.
④ 도로가 아닌 장소는 차의 통행이 우선이므로 B가 횡단하지 못하도록 경적을 울린다.
⑤ B의 옆을 지나는 경우 안전한 거리를 두고 서행해야 한다.

정답 | 36 ①, ⑤ 37 ①, ② 38 ③, ⑤

> **해설**
>
> 도로교통법 제27조제⑥항
> 모든 차의 운전자는 다음 각 호의 어느 하나에 해당하는 곳에서 보행자의 옆을 지나는 경우에는 안전한 거리를 두고 서행하여야 하며, 보행자의 통행에 방해가 될 때에는 서행하거나 일시정지하여 보행자가 안전하게 통행할 수 있도록 하여야 한다. 1. 보도와 차도가 구분되지 아니한 도로 중 중앙선이 없는 도로 2. 보행자우선도로 3. 도로 외의 곳

40
다음 상황에서 가장 안전한 운전 방법 2가지는?

≫ 교차로에서 직진을 하려고 진행 중 ≫ 전방에 녹색 신호지만 언제 황색으로 바뀔지 모르는 상황 ≫ 왼쪽 1차로에는 좌회전하려는 차량들이 대기 중 ≫ 매시 70킬로미터 속도로 주행 중

① 교차로 진입 전에 황색 신호가 켜지면 신속히 교차로를 통과하도록 한다.
② 속도가 빠를 경우 황색 신호가 켜졌을 때 정지하기 어려우므로 속도를 줄여 황색 신호에 대비한다.
③ 신호가 언제 바뀔지 모르므로 속도를 높여 신호가 바뀌기 전에 통과하도록 노력한다.
④ 뒤차가 가까이 따라올 수 있으므로 속도를 높여 신속히 교차로를 통과한다.
⑤ 1차로에서 2차로로 갑자기 차로를 변경하는 차가 있을 수 있으므로 속도를 줄여 대비한다.

39
다음 상황에서 비보호 좌회전할 때 가장 큰 위험 요인 2가지는?

≫ 현재 차량 신호 녹색(양방향 녹색신호) ≫ 반대편 1차로에 좌회전하려는 승합차

① 반대편 2차로에서 승합차에 가려 보이지 않는 차량이 빠르게 직진해 올 수 있다.
② 반대편 1차로 승합차 뒤에 차량이 정지해 있을 수 있다.
③ 좌측 횡단보도로 보행자가 횡단을 할 수 있다.
④ 후방 차량이 갑자기 불법 유턴을 할 수 있다.
⑤ 반대편 1차로에서 승합차가 비보호좌회전을 할 수 있다.

> **해설**
>
> 비보호좌회전을 할 때에는 반대편 도로에서 녹색 신호를 보고 오는 직진 차량에 주의해야 하며, 그 차량의 속도가 생각보다 빠를 수 있고 반대편 1차로의 승합차 때문에 2차로에서 달려오는 직진 차량을 보지 못할 수도 있다

> **해설**
>
> 이번 신호에 교차로를 통과할 욕심으로 속도를 높였을 때 발생할 수 있는 사고는 우선 신호가 황색으로 바뀌었을 때 정지하기 어려워 신호 위반 사고의 위험이 커지고, 무리하게 정지하려고 급제동을 하면 뒤차와 사고가 발생할 수 있으며, 1차로에서 2차로로 진입하는 차를 만났을 때 사고 위험이 높아질 수밖에 없다. 따라서 이번 신호에 반드시 통과한다는 생각을 버리고 교차로에 접근할 때 속도를 줄이는 습관을 갖게 되면 황색 신호에 정지하기도 쉽고 뒤차와의 추돌도 피할 수 있게 된다.

정답 | 39 ①, ③ 40 ②, ⑤

2회 운전면허 기출 유형 문제

문장형 4지 1답 문제 [2점]

01
거짓 그밖에 부정한 수단으로 운전면허를 받아 벌금이상의 형이 확정된 경우 얼마동안 운전면허를 취득할 수 없는가?

① 취소일로부터 1년
② 취소일로부터 2년
③ 취소일로부터 3년
④ 취소일로부터 4년

해설
도로교통법 제82조 제2항 제7호. 제93조 제1항 제8호의2. 거짓이나 그 밖의 부정한 수단으로 운전면허를 받은 경우 운전면허가 취소된 날부터 1년

02
도로교통법령상 영문운전면허증에 대한 설명으로 옳지 않은 것은?(제네바협약 또는 비엔나협약 가입국으로 한정)

① 영문운전면허증 인정 국가에서 운전할 때 별도의 번역공증서 없이 운전이 가능하다.
② 영문운전면허증 인정 국가에서는 체류기간에 상관없이 사용할 수 있다.
③ 영문운전면허증 불인정 국가에서는 한국운전면허증, 국제운전면허증, 여권을 지참해야 한다.
④ 운전면허증 뒤쪽에 영문으로 운전면허증의 내용을 표기한 것이다.

해설
영문운전면허증 안내(도로교통공단) 운전할 수 있는 기간이 국가마다 상이하며, 대부분 3개월 정도의 단기간만 허용하고 있으므로 장기체류를 하는 경우 해당국 운전면허를 취득해야 한다.

03
다음 중 도로교통법상 원동기장치자전거의 정의(기준)에 대한 설명으로 옳은 것은?

① 배기량 50시시 이하 – 최고정격출력 0.59킬로와트 이하
② 배기량 50시시 미만 – 최고정격출력 0.59킬로와트 미만
③ 배기량 125시시 이하 – 최고정격출력 11킬로와트 이하
④ 배기량 125시시 미만 – 최고정격출력 11킬로와트 미만

해설
도로교통법 제2조 제19호 나목 정의 참조

04
LPG차량의 연료특성에 대한 설명으로 적당하지 않은 것은?

① 일반적인 상온에서는 기체로 존재한다.
② 차량용 LPG는 독특한 냄새가 있다.
③ 일반적으로 공기보다 가볍다.
④ 폭발 위험성이 크다.

해설
끓는점이 낮아 일반적인 상온에서 기체 상태로 존재한다. 압력을 가해 액체 상태로 만들어 압력 용기에 보관하며 가정용, 자동차용으로 사용한다. 일반 공기보다 무겁고 폭발위험성이 크다. LPG 자체는 무색무취이지만 차량용 LPG에는 특수한 향을 섞어 누출 여부를 확인할 수 있도록 하고 있다.

05
도로교통법령상 자율주행시스템에 대한 설명으로 틀린 것은?

① 도로교통법상 "운전"에는 도로에서 차마를 그 본래의 사용방법에 따라 자율주행시스템을 사용하는 것은 포함되지 않는다.
② 운전자가 자율주행시스템을 사용하여 운전하는 경우에는 휴대전화 사용금지 규정을 적용하지 아니한다.
③ 자율주행시스템의 직접 운전 요구에 지체없이 대응하지 아니한 자율주행승용자동차의 운전자에 대한 범칙금액은 4만원이다.
④ "자율주행시스템"이란 운전자 또는 승객의 조작 없이 주변상황과 도로 정보 등을 스스로 인지하고 판단하여 자동차를 운행 할 수 있게 하는 자동화 장비, 소프트웨어 및 이와 관련한 모든 장치를 말한다.

정답 | 01 ① 02 ② 03 ③ 04 ③ 05 ①

해설

도로교통법 제2조제26호, 제50조의2, 도로교통법 시행령 별표8. 38의3호

"운전"이란 도로에서 차마 또는 노면전차를 그 본래의 사용방법에 따라 사용하는 것(조종 또는 자율주행시스템을 사용하는 것을 포함한다)을 말한다. 완전 자율주행시스템에 해당하지 아니하는 자율주행시스템을 갖춘 자동차의 운전자는 자율주행시스템의 직접 운전 요구에 지체 없이 대응하여 조향장치, 제동장치 및 그 밖의 장치를 직접 조작하여 운전하여야 한다. 운전자가 자율주행시스템을 사용하여 운전하는 경우에는 제49조제1항제10호, 제11호 및 제11호의2의 규정을 적용하지 아니한다. 자율주행자동차 상용화 촉진 및 지원에 관한 법률 제2조제1항제2호 "자율주행시스템"이란 운전자 또는 승객의 조작 없이 주변상황과 도로 정보 등을 스스로 인지하고 판단하여 자동차를 운행할 수 있게 하는 자동화 장비, 소프트웨어 및 이와 관련한 모든 장치를 말한다.

06
자동차 내연기관의 크랭크축에서 발생하는 회전력(순간적으로 내는 힘)을 무엇이라 하는가?
① 토크
② 연비
③ 배기량
④ 마력

해설

② 1리터의 연료로 주행할 수 있는 거리이다. ③ 내연기관에서 피스톤이 움직이는 부피이다. ④ 75킬로그램의 무게를 1초 동안에 1미터 이동하는 일의 양이다.

07
자동차관리법령상 승용자동차는 몇 인 이하를 운송하기에 적합하게 제작된 자동차인가?
① 10인
② 12인
③ 15인
④ 18인

해설

승용자동차는 10인 이하를 운송하기에 적합하게 제작된 자동차이다

08
비사업용 및 대여사업용 전기자동차와 수소 연료전지자동차(하이브리드 자동차 제외) 전용번호판 색상으로 맞는 것은?
① 황색 바탕에 검은색 문자
② 파란색 바탕에 검은색 문자
③ 감청색 바탕에 흰색 문자
④ 보랏빛 바탕에 검은색 문자

해설

자동차 등록번호판 등의 기준에 관한 고시(국토교통부 고시 제2017-245호 2017.4.18. 일부개정)
1. 비사업용 가. 일반용(SOFA자동차, 대여사업용 자동차 포함) : 분홍빛 흰색바탕에 보랏빛 검은색 문자 나. 외교용(외교, 영사, 준외, 준영, 국기, 협정, 대표) : 감청색바탕에 흰색문자 2. 자동차운수사업용 : 황색바탕에 검은색 문자 3. 이륜자동차번호판 : 흰색바탕에 청색문자 4. 전기자동차번호판 : 파란색 바탕에 검은색 문자

09
다음 차량 중 하이패스차로 이용이 불가능한 차량은?
① 적재중량 16톤 덤프트럭
② 서울과 수원을 운행하는 2층 좌석버스
③ 단차로인 경우, 차폭이 3.7m인 소방차량
④ 10톤 대형 구난차량

해설

하이패스차로는 단차로 차폭 3.0m, 다차로 차폭 3.6m이다.

10
다음 중 자동차관리법령에 따른 자동차 변경등록 사유가 아닌 것은?
① 자동차의 사용본거지를 변경한 때
② 자동차의 차대번호를 변경한 때
③ 소유권이 변동된 때
④ 법인의 명칭이 변경된 때

해설

자동차등록령 제22조, 제26조
자동차 소유권의 변동이 된 때에는 이전등록을 하여야 한다.

정답 | 06 ① 07 ① 08 ② 09 ③ 10 ③

11

자율주행자동차 운전자의 마음가짐으로 바르지 않은 것은?

① 자율주행자동차이므로 술에 취한 상태에서 운전해도 된다.
② 과로한 상태에서 자율주행자동차를 운전하면 아니 된다.
③ 자율주행자동차라 하더라도 향정신성의약품을 복용하고 운전하면 아니 된다.
④ 자율주행자동차의 운전 중에 휴대용 전화 사용이 가능하다.

> **해설**
> 도로교통법 제44조제1항(술에 취한 상태에서의 운전 금지) 누구든지 술에 취한 상태에서 자동차등, 노면전차 또는 자전거를 운전하여서는 아니 된다. 제45조(과로한 때 등의 운전 금지) 자동차등 또는 노면전차의 운전자는 술에 취한 상태 외에 과로, 질병, 또는 약물(마약, 대마, 향정신성의약품 등)의 영향과 그 밖의 사유로 정상적으로 운전하지 못할 우려가 있는 상태에서 자동차 등 또는 노면전차를 운전하여서는 아니 된다. 제56조의2(자율주행자동차 운전자의 준수사항 등) 제2항 운전자가 자율주행시스템을 사용하여 운전하는 경우에는 제49조(모든 운전자의 준수사항 등) 제1항 제10호(휴대용 전화 사용 금지), 제11호(영상표시장치 시청 금지) 및 제11호의2(영상표시장치 조작 금지)의 규정을 적용하지 아니한다.

12

자동차관리법령상 자동차의 정기검사의 기간은 검사 유효기간 만료일 전후 ( ) 이내이다. ( )의 기준으로 맞는 것은?

① 31일
② 41일
③ 51일
④ 61일

> **해설**
> 정기검사의 기간은 검사 유효기간 만료일 전후 31일 이내이다.

13

도로교통법상 올바른 운전방법으로 연결된 것은?

① 학교 앞 보행로 - 어린이에게 차량이 지나감을 알릴 수 있도록 경음기를 울리며 지나간다.
② 철길 건널목 - 차단기가 내려가려고 하는 경우 신속히 통과한다.
③ 신호 없는 교차로 - 우회전을 하는 경우 미리 도로의 우측 가장자리를 서행 하면서 우회전한다.
④ 야간 운전 시 - 차가 마주 보고 진행하는 경우 반대편 차량의 운전자가 주의할 수 있도록 전조등을 상향으로 조정한다.

> **해설**
> 학교 앞 보행로에서 어린이가 지나갈 경우 일시정지해야 하며, 철길 건널목에서 차단기가 내려가려는 경우 진입하면 안 된다. 또한 야간 운전 시에는 반대편 차량의 주행에 방해가 되지 않도록 전조등을 하향으로 조정해야 한다.

14

고속도로 운전 중 교통사고 발생 현장에서의 운전자 대응방법으로 바르지 않은 것은?

① 동승자의 부상정도에 따라 응급조치한다.
② 비상표시등을 켜는 등 후행 운전자에게 위험을 알린다.
③ 사고차량 후미에서 경찰공무원이 도착할 때까지 교통정리를 한다.
④ 2차사고 예방을 위해 안전한 곳으로 이동한다.

> **해설**
> 사고차량 뒤쪽은 2차 사고의 위험이 있으므로 안전한 장소로 이동하는 것이 바람직하다.

15

다음 중 안전운전에 필요한 운전자의 준비사항으로 가장 바람직하지 않은 것은?

① 주의력이 산만해지지 않도록 몸상태를 조절한다.
② 운전기기 조작에 편안하고 운전에 적합한 복장을 착용한다.
③ 불꽃 신호기 등 비상 신호도구를 준비한다.
④ 연료절약을 위해 출발 10분 전에 시동을 켜 엔진을 예열한다

> **해설**
> 자동차의 공회전은 환경오염을 유발할 수 있다.

16

도로교통법상 자동차(이륜자동차 제외)에 영유아를 동승하는 경우 유아보호용 장구를 사용토록 한다. 다음 중 영유아에 해당하는 나이 기준은?

① 8세 이하
② 8세 미만
③ 6세 미만
④ 6세 이하

정답 | 11 ① 12 ① 13 ③ 14 ③ 15 ④ 16 ③

> **해설**
>
> 도로교통법 제11조(어린이 등에 대한 보호) 영유아(6세 미만인 사람을 말한다.)의 보호자는 교통이 빈번한 도로에서 어린이를 놀게 하여서는 아니 된다

17
정체된 교차로에서 좌회전할 경우 가장 옳은 방법은?
① 가급적 앞차를 따라 진입한다.
② 녹색등화가 켜진 경우에는 진입해도 무방하다.
③ 적색등화가 켜진 경우라도 공간이 생기면 진입한다.
④ 녹색 화살표의 등화라도 진입하지 않는다.

> **해설**
>
> 모든 차의 운전자는 신호등이 있는 교차로에 들어가려는 경우에는 진행하고자 하는 차로의 앞쪽에 있는 차의 상황에 따라 교차로에 정지하여야 하며 다른 차의 통행에 방해가 될 우려가 있는 경우에는 그 교차로에 들어가서는 아니 된다.

18
안전속도 5030 교통안전정책에 관한 내용으로 옳은 것은?
① 자동차 전용도로 매시 50킬로미터 이내, 도시부 주거지역 이면도로 매시 30킬로미터
② 도시부 지역 일반도로 매시 50킬로미터 이내, 도시부 주거지역 이면도로 매시 30킬로미터 이내
③ 자동차 전용도로 매시 50킬로미터 이내, 어린이 보호구역 매시 30킬로미터 이내
④ 도시부 지역 일반도로 매시 50킬로미터 이내, 자전거 도로 매시 30킬로미터 이내

> **해설**
>
> 안전속도 5030은 보행자의 통행이 잦은 도시부 지역의 일반도로 매시 50킬로미터(소통이 필요한 경우 60킬로미터 적용 가능), 주택가 등 이면도로는 매시 30킬로미터 이내로 하향 조정하는 정책으로, 속도 하향을 통해 보행자의 안전을 지키기 위해 도입되었다

문장형 4지 2답 문제 [3점]

19
다음 중 회전교차로의 통행 방법으로 가장 적절한 2가지는?
① 회전교차로에서 이미 회전하고 있는 차량이 우선이다.
② 회전교차로에 진입하고자 하는 경우 신속히 진입한다.
③ 회전교차로 진입 시 비상점멸등을 켜고 진입을 알린다.
④ 회전교차로에서는 반시계 방향으로 주행한다.

> **해설**
>
> 제25조의2(회전교차로 통행방법)
> ① 모든 차의 운전자는 회전교차로에서는 반시계방향으로 통행하여야 한다. ② 모든 차의 운전자는 회전교차로에 진입하려는 경우에는 서행하거나 일시정지하여야 하며, 이미 진행하고 있는 다른 차가 있는 때에는 그 차에 진로를 양보하여야 한다.

20
다음 설명 중 맞는 2가지는?
① 양보 운전의 노면표시는 흰색 '△'로 표시한다.
② 양보표지가 있는 차로를 진행 중인 차는 다른 차로의 주행차량에 차로를 양보하여야 한다.
③ 일반도로에서 차로를 변경할 때에는 30미터 전에서 신호 후 차로 변경한다.
④ 원활한 교통을 위해서는 무리가 되더라도 속도를 내어 차간거리를 좁혀서 운전하여야 한다.

> **해설**
>
> 양보 운전 노면표시는 '▽'이며, 교통흐름에 방해가 되더라도 안전이 최우선이라는 생각으로 운행하여야 한다.

21
자동차를 운행할 때 공주거리에 영향을 줄 수 있는 경우로 맞는 2가지는?
① 비가 오는 날 운전하는 경우
② 술에 취한 상태로 운전하는 경우
③ 차량의 브레이크액이 부족한 상태로 운전하는 경우
④ 운전자가 피로한 상태로 운전하는 경우

> **해설**
>
> 공주거리는 운전자의 심신의 상태에 따라 영향을 주게 된다.

정답 | 17 ④ 18 ② 19 ①, ④ 20 ②, ③ 21 ②, ④

안전표지형 4지 1답 문제 [2점]

22
다음 안전표지가 있는 도로에서 올바른 운전방법은?

① 눈길인 경우 고단 변속기를 사용한다.
② 눈길인 경우 가급적 중간에 정지하지 않는다.
③ 평지에서 보다 고단 변속기를 사용한다.
④ 짐이 많은 차를 가까이 따라간다

해설
도로교통법 시행규칙 별표 6. 116.
오르막경사표지 오르막경사가 있음을 알리는 것

23
다음 안전표지에 대한 설명으로 바르지 않은 것은?

① 국토의 계획 및 이용에 관한 법률에 따른 주거지역에 설치한다.
② 도시부 도로임을 알리는 것으로 시작지점과 그 밖의 필요한 구간에 설치 한다.
③ 국토의 계획 및 이용에 관한 법률에 따른 계획관리 구역에 설치한다.
④ 국토의 계획 및 이용에 관한 법률에 따른 공업지역에 설치한다

해설
국토의 계획 및 이용에 관한 법률 제36조 제1항 제1호에 따른 도시지역 중 주거지역, 상업지역, 공업지역에 설치하여 도시부 도로임을 알리는 것으로 시작지점과 그 밖의 필요한 구간의 우측에 설치한다.

24
다음 안전표지가 설치되는 장소로 가장 알맞은 곳은?

① 도로가 좌로 굽어 차로이탈이 발생할 수 있는 도로
② 눈·비 등의 원인으로 자동차 등이 미끄러지기 쉬운 도로
③ 도로가 이중으로 굽어 차로이탈이 발생할 수 있는 도로
④ 내리막경사가 심하여 속도를 줄여야하는 도로

해설
도로교통법 시행규칙 별표6, 주의표지 126
미끄러운 도로표지로 도로 결빙 등에 의해 자동차 등이 미끄러지기 쉬운 도로에 설치한다.

25
다음 안전표지에 대한 설명으로 가장 옳은 것은?

① 이륜자동차 및 자전거의 통행을 금지한다.
② 이륜자동차 및 원동기장치자전거의 통행을 금지한다.
③ 이륜자동차와 자전거 이외의 차마는 언제나 통행할 수 있다.
④ 이륜자동차와 원동기장치자전거 이외의 차마는 언제나 통행할 수 있다.

해설
도로교통법 시행규칙 [별표6]
규제표지 205, 이륜자동차 및 원동기장치자전거의 통행금지표지로 통행을 금지하는 구역, 도로의 구간 또는 장소의 전면이나 도로의 중앙 또는 우측에 설치

정답 | 22 ② 23 ③ 24 ② 25 ②

사진형 4지 2답 문제 [3점]

26
자동차 전용도로에서 우측도로로 진출하고자 할 때 가장 안전한 운전방법 2가지는?

① 진출로를 지나친 경우 즉시 비상점멸등을 켜고 후진하여 진출로로 나간다.
② 급가속하며 우측 진출방향으로 차로를 변경한다.
③ 우측 방향지시등을 켜고 안전거리를 확보하며 상황에 맞게 우측으로 진출한다.
④ 진출로를 오인하여 잘못 진입한 경우 즉시 비상점멸등을 켜고 후진하여 가고자 하는 차선으로 들어온다.
⑤ 진출로에 진행차량이 보이지 않더라도 우측 방향지시등을 켜고 진입해야 한다.

해설
가급적 급차로 변경을 하면 안 되며, 충분한 안전거리를 확보하고 진출하고자 하는 방향의 방향지시등을 미리 켜야 한다.

27
다음 고속도로의 도로전광표지(VMS)에 따른 설명으로 맞는 2가지는?

① 모든 차량은 앞지르기차로인 1차로로 앞지르기하여야 한다.
② 고속도로 지정차로에 대한 안내표지이다.
③ 승용차는 모든 차로의 통행이 가능하다.
④ 승용차가 정속 주행한다면 1차로로 계속 통행할 수 있다.
⑤ 승합차 운전자가 지정차로 통행위반을 한 경우에는 범칙금 5만원과 벌점 10점이 부과된다

해설
도로교통법 제60조, 도로교통법 시행령 별표8. 제39호.
승합자동차 등 범칙금 5만원 도로교통법 시행규칙 제16조, 제39조, 별표9, 별표28. 제21호 벌점 10점 앞지르기를 할 때에는 지정된 차로의 왼쪽 바로 옆 차로로 통행할 수 있으며, 모든 차는 지정된 차로보다 오른쪽에 있는 차로로 통행할 수 있다.

28
다음 상황에서 가장 안전한 운전 방법 2가지는?

① 전방에 교통 정체 상황이므로 안전거리를 확보하며 주행한다.

정답 | 26 ③, ⑤ 27 ②, ⑤ 28 ①, ⑤

② 상대적으로 진행이 원활한 차로로 변경한다.
③ 음악을 듣거나 담배를 피운다.
④ 내 차 앞으로 다른 차가 끼어들지 못하도록 앞차와의 거리를 좁힌다.
⑤ 앞차의 급정지 상황에 대비해 전방 상황에 더욱 주의를 기울이며 주행한다.

> **해설**
> 통행차량이 많은 도로에서는 앞차의 급제동으로 인한 추돌사고가 빈발하므로 전방을 주시하고 안전거리를 확보하면서 진행하여야 한다.

29
도로법령상 고속도로 톨게이트 입구의 화물차 하이패스 혼용차로에 대한 설명으로 옳지 않은 것 2가지는?

① 화물차 하이패스 전용차로이며, 하이패스 장착 차량만 이용이 가능하다.
② 화물차 하이패스 혼용차로이며, 일반차량도 이용이 가능하다.
③ 4.5톤 이상 화물차는 하이패스 단말기 장착과 상관없이 이용이 가능하다.
④ 4.5톤 미만 화물차나 승용자동차만 이용이 가능하다.
⑤ 하이패스 단말기를 장착하지 않은 승용차도 이용이 가능하다.

> **해설**
> 도로법 제78조 3항(적재량 측정 방해 행위의 금지 등)에 의거 4.5톤 이상 화물차는 적재량 측정장비가 있는 화물차 하이패스 전용차로 또는 화물차 하이패스 혼용차로를 이용하여야 하고, 화물차 하이패스 혼용차로는 전차량이 이용이 가능하며, 단말기를 장착하지 않은 차량은 통행권이 발권됨

30
다음 상황에서 가장 안전한 운전방법 2가지는?

① 터널 밖의 상황을 잘 알 수 없으므로 터널을 빠져나오면서 속도를 높인다.
② 터널을 통과하면서 강풍이 불 수 있으므로 핸들을 두 손으로 꽉 잡고 운전한다.
③ 터널 내에서 충분히 감속하며 주행한다.
④ 터널 내에서 가속을 하여 가급적 앞차를 바싹 뒤따라간다.
⑤ 터널 내에서 차로를 변경하여 가고 싶은 차로를 선택한다.

> **해설**
> 터널 밖의 상황을 알 수 없으므로 터널 내에서 충분히 감속 주행해야 하며, 터널을 나올 때에는 강풍이 부는 경우가 많으므로 핸들을 두 손으로 꽉 잡고 운전해야 한다

31
다리 위를 주행하는 중 강한 바람이 불어와 차체가 심하게 흔들릴 경우 가장 안전한 운전방법 2가지는?

① 빠른 속도로 주행한다.
② 감속하여 주행한다.
③ 핸들을 느슨히 잡는다.
④ 핸들을 평소보다 꽉 잡는다.
⑤ 빠른 속도로 주행하되 핸들을 꽉 잡는다.

정답 | 29 ①, ④ 30 ②, ③ 31 ②, ④

> **해설**
>
> 자동차가 빠른 속도로 움직일 경우 차체 중심이 위쪽으로 움직이고 바람이 심하게 불면 전도 위험이 있는 만큼 속도를 줄이고 핸들을 평소보다 꽉 잡고 운전하여야 한다.

> **해설**
>
> 제29조(긴급자동차의 우선 통행)
> ① 긴급자동차는 제13조 제3항에도 불구하고 긴급하고 부득이한 경우에는 도로의 중앙이나 좌측 부분을 통행할 수 있다. ② 긴급자동차는 이 법이나 이 법에 따른 명령에 따라 정지하여야 하는 경우에도 불구하고 긴급하고 부득이한 경우에는 정지하지 아니할 수 있다. ③ 긴급자동차의 운전자는 제1항이나 제2항의 경우에 교통안전에 특히 주의하면서 통행하여야 한다. ④ 교차로나 그 부근에서 긴급자동차가 접근하는 경우에는 차마와 노면전차의 운전자는 교차로를 피하여 일시정지하여야 한다. ⑤ 모든 차와 노면전차의 운전자는 제4항에 따른 곳 외의 곳에서 긴급자동차가 접근한 경우에는 긴급자동차가 우선 통행할 수 있도록 진로를 양보하여야 한다. ⑥ 제2조 제22호 각 목의 자동차 운전자는 해당 자동차를 그 본래의 긴급한 용도로 운행하지 아니하는 경우에는 「자동차관리법」에 따라 설치된 경광등을 켜거나 사이렌을 작동하여서는 아니 된다. 다만, 대통령령으로 정하는 바에 따라 범죄 및 화재 예방 등을 위한 순찰·훈련 등을 실시하는 경우에는 그러하지 아니하다. 문제의 그림에서 확인되는 상황은 도로교통법에 따라 본래의 긴급한 용도로 운행하는 때이다. 따라서 긴급자동차의 우선 통행하는 때이므로 모든 차와 노면전차의 운전자는 긴급자동차가 우선통행할 수 있도록 진로를 양보해야 한다. 그리고 이때 뒤따르는 자동차 운전자들에게 정보제공을 하기 위해 브레이크페달을 여러 번 짧게 반복하여 작동하는 등의 정차를 예고하는 행동이 필요할 수 있다.

일러스트형 5지 2답 문제 [3점]

32
다음 상황에서 가장 올바른 운전방법 2가지로 맞는 것은?

» 긴급차 싸이렌 및 경광등 작동   » 긴급차가 역주행 하려는 상황

① 긴급차가 도로교통법 위반을 하므로 무시하고 통행한다.
② 긴급차가 위반행동을 하지 못하도록 상향등을 수회 작동한다.
③ 뒤 따르는 운전자에게 알리기 위해 브레이크페달을 여러 번 나누어 밟는다.
④ 긴급차가 역주행할 수 있도록 거리를 두고 정지한다.
⑤ 긴급차가 진행할 수 없도록 그 앞에 정차한다.

33
다음 상황에서 급차로 변경을 할 경우 사고 발생 가능성이 가장 높은 2가지는?

» 편도 2차로 도로   » 앞 차량이 급제동하는 상황   » 우측 방향지시기를 켠 후방 오토바이   » 1차로 후방에 승용차

① 승합차 앞으로 무단횡단하는 사람과의 충돌
② 반대편 차로 차량과의 충돌
③ 뒤따르는 이륜차와의 추돌
④ 반대 차로에서 차로 변경하는 차량과의 충돌
⑤ 1차로에서 과속으로 달려오는 차량과의 추돌

정답 | 32 ③, ④   33 ①, ⑤

> **해설**
>
> 전방 차량이 급제동을 하는 경우 이를 피하기 위해 급차로 변경하게 되면 뒤따르는 차량과의 추돌 사고, 급제동 차량 앞쪽의 무단 횡단하는 보행자와의 사고 등이 발생할 수 있으므로 전방 차량이 급제동하더라도 추돌 사고가 발생하지 않도록 안전거리를 확보하고 주행하는 것이 바람직하다.

34

다음 상황에서 가장 바람직한 운전방법 2가지는?

》 편도 2차로 도로 》 경찰차 긴급출동 상황(경광등, 싸이렌 작동)

① 차의 등화가 녹색이므로 교차로에 그대로 진입한다.
② 긴급차가 우선 통행할 교차로이므로 교차로 진입 전에 정지하여야 한다.
③ 2차로에 있는 차가 갑자기 좌측으로 변경할 수도 있으므로 미리 충분히 속도를 감속한다.
④ 긴급차보다 차의 신호가 우선이므로 그대로 진입한다.
⑤ 긴급차보다 먼저 통과할 수 있도록 가속하며 진입한다.

> **해설**
>
> 제29조(긴급자동차의 우선 통행).
> 제④항 교차로나 그 부근에서 긴급자동차가 접근하는 경우에는 차마와 노면전차의 운전자는 교차로를 피하여 일시정지하여야 한다. 보기 3번을 부연설명하면, 긴급자동차의 우선 통행을 위해 양보하고 있는 경우를 다수의 운전자가 차가 밀리는 경우로 보고 진로 변경하는 사례가 빈번하다. 따라서 2차로에 있는 차가 왼쪽으로 진로 변경할 가능성도 배제할 수 없다.

35

다음 상황에서 가장 안전한 운전방법 2가지로 맞는 것은?

》 편도 1차로 》 (실내후사경)뒤에서 후행하는 차

① 자전거와의 충돌을 피하기 위해 좌측차로로 통행한다.
② 자전거 위치에 이르기 전 충분히 감속한다.
③ 뒤따르는 자동차의 소통을 위해 가속한다.
④ 보행자의 차도진입을 대비하여 감속하고 보행자를 살핀다.
⑤ 보행자를 보호하기 위해 길 가장자리구역을 통행한다.

> **해설**
>
> 위험예측.
> 문제의 그림에서 확인되는 상황은 길 가장자리구역에서 보행자와 자전거가 통행하고 있는 상황이다. 이러한 상황에서 일반적으로 자전거의 속도는 보행자의 속도보다 빠른 상태에서 자전거 운전자가 보행자를 앞지르기하는 운전행동이 나타난다. 자전거가 왼쪽 또는 오른쪽으로 앞지르기를 하는 과정에서 충돌이 이루어지고 차도로 갑자기 진입하거나 넘어지는 등의 교통사고가 빈번하다. 따라서 운전자는 길 가장자리 구역에 보행자와 자전거가 있는 경우 미리 속도를 줄이고 보행자와 자전거의 차도 진입을 예측하여 정지할 준비를 하는 것이 바람직하다. 또 이때 보행자와 자전거를 피하기 위해 중앙선을 넘어 좌측통행하는 경우도 빈번하게 나타나는 데 이는 바람직한 행동이라 할 수 없다.

36

다음 상황에서 유턴하기 위해 차로를 변경하려고 한다. 가장 안전한 운전방법 2가지는?

》 차로에 좌회전 신호가 켜짐 》 유턴을 하기 위해 1차로로 들어가려 함 》 1차로는 좌회전과 유턴이 허용

정답 | 34 ②, ③ 35 ②, ④ 36 ②, ⑤

① 1차로가 비었으므로 신속히 1차로로 차로를 변경한다.
② 차로 변경하기 전 30미터 이상의 지점에서 좌측 방향지시등을 켠다.
③ 전방의 횡단보도에 보행자가 있는지 살핀다.
④ 안전지대를 통해 미리 1차로로 들어간다.
⑤ 왼쪽 후사경을 통해 안전지대로 진행해 오는 차가 없는지 살핀다

> 해설

좌회전을 하기 위해 안전지대를 통해 1차로로 들어가는 차들이 있기 때문에 이를 보지 못하여 사고가 발생하기도 한다. 그러나 설령 안전지대로 달려오는 차를 보지 못하였다 하더라도 방향지시등을 통해 차로를 변경하겠다는 신호를 미리 한다면 안전지대로 달려오는 차가 사고를 피할 수 있을 것이다. 그리고 갑작스럽게 차로를 변경한다면 안전지대로 달리는 차의 운전자가 위험을 감지하였다 하더라도 사고를 피할 시간이 부족할 수 있다. 따라서 차로를 변경할 때는 후방을 확인하고, 방향지시등을 켜고, 점진적으로 천천히 들어가는 습관이 중요하다.

> 해설

위험예측.
문제의 그림 상황에서 왼쪽에 정차한 자동차 운전자는 조급한 상황이거나 오른쪽을 확인하지 않은 채 본래 차로로 갑자기 진입할 수 있다. 이와 같은 상황은 도로에서 빈번하게 발생하고 있다. 따라서 가장자리에서 정차하고 있는 차에 특별히 주의해야 한다. 그리고 왼쪽에 정차한 자동차의 뒤편에 자전거 운전자는 횡단보도를 진입하려는 상황인데, 비록 보행자는 아닐지라도 운전자는 그 대상을 보호해야 한다. 따라서 자전거의 진입속도와 자신의 자동차의 통행속도는 고려하지 않고 횡단보도 직전 정지선에 정지하여야 한다.

37
다음 상황에서 가장 안전한 운전방법 2가지는?

▶▶ 횡단보도 진입 전   ▶▶ 왼쪽에 비상점멸하며 정차하고 있는 차

① 원활한 소통을 위해 앞차를 따라 그대로 통행한다.
② 자전거의 횡단보도 진입속도보다 빠르므로 가속하여 통행한다.
③ 횡단보도 직전 정지선에서 정지한다.
④ 보행자가 횡단을 완료했으므로 신속히 통행한다.
⑤ 정차한 자동차의 갑작스러운 출발을 대비하여 감속한다.

38
편도 1차로 도로를 주행 중인 상황에서 가장 안전한 운전방법 2가지는?

▶▶ 전방 횡단보도   ▶▶ 고개 돌리는 자전거 운전자

① 경음기를 사용해서 자전거가 횡단하지 못하도록 경고한다.
② 자전거가 횡단하지 못하도록 속도를 높여 앞차와의 거리를 좁힌다.
③ 자전거보다 횡단보도에 진입하고 있는 앞차의 움직임에 주의한다.
④ 자전거가 횡단할 수 있으므로 속도를 줄이면서 자전거의 움직임에 주의한다.
⑤ 횡단보도 보행자의 횡단으로 앞차가 급제동할 수 있으므로 미리 브레이크 페달을 여러 번 나누어 밟아 뒤차에게 알린다.

> 해설

자전거 운전자가 뒤를 돌아보는 경우는 도로를 횡단하기 위해 기회를 살피는 것임을 예측할 수 있다. 따라서 전방의 자전거를 발견하였을 경우 운전자의 움직임을 잘 살펴 주의해야 한다. 전방의 횡단보도 보행자의 횡단으로 앞차가 일시정지할 수 있으므로 서행하면서 전방을 잘 주시하여 일시정지에 대비하여야 한다.

정답 | 37 ③, ⑤ 38 ④, ⑤

39

다음 중 대비해야 할 가장 위험한 상황 2가지는?

▶▶ 이면도로　▶▶ 대형버스 주차 중　▶▶ 거주자우선주차구역에 주차 중　▶▶ 자전거 운전자가 도로를 횡단 중

① 주차중인 버스가 출발할 수 있으므로 주의하면서 통과한다.
② 왼쪽에 주차중인 차량 사이에서 보행자가 나타날 수 있다.
③ 좌측 후사경을 통해 도로의 주행상황을 확인한다.
④ 대형버스 옆을 통과하는 경우 서행으로 주행한다.
⑤ 자전거가 도로를 횡단한 이후에 뒤따르는 자전거가 나타날 수 있다.

해설

학교앞 도로, 생활도로 등은 언제, 어디서, 누가 위반을 할 것인지 미리 예측하기 어렵기 때문에 모든 법규위반의 가능성에 대비해야 한다. 예를 들어 중앙선을 넘어오는 차, 신호를 위반하는 차, 보이지 않는 곳에서 갑자기 뛰어나오는 어린이, 갑자기 방향을 바꾸는 이륜차를 주의하며 운전해야 한다.

40

다음 상황에서 1차로로 진로 변경 하려 할 때 가장 안전한 운전 방법 2가지는?

▶▶ 좌로 굽은 언덕길　▶▶ 전방을 향해 이륜차 운전 중　▶▶ 도로로 진입하려는 농기계

① 좌측 후사경을 통하여 1차로에 주행 중인 차량을 확인한다.
② 전방의 승용차가 1차로로 진로 변경을 못하도록 상향등을 미리 켜서 경고한다.
③ 농기계가 도로로 진입할 수 있어 1차로로 신속히 차로변경 한다.
④ 오르막차로이기 때문에 속도를 높여 운전한다.
⑤ 전방의 이륜차가 1차로로 진로 변경할 수 있어 안전거리를 유지한다.

해설

안전거리를 확보하지 않았을 경우에는 전방 차량의 급제동이나 급차로 변경 시에 적절히 대처하기 어렵다. 특히 언덕길의 경우 고갯마루 너머의 상황이 보이지 않아 더욱 위험하므로 속도를 줄이고 앞 차량과의 안전거리를 충분히 둔다.

정답 | 39 ②, ⑤　40 ①, ⑤

S 시원스쿨닷컴

S 시원스쿨닷컴

시원스쿨닷컴